Cake & Gake

대한민국 제과기능장의

케이크 & 개이크

오동환·정시은·이승문·정성모·윤두열 공저

(주)백산출판사

Preface

그간 디저트의 개념은 식사 후 가볍게 즐기는 간식의 개념이었지만 현대는 식사와 별개로 다양한 취향에 맞추어 식사를 즐기는 추세로 바뀌고 있다.

이에 소비자들의 다양한 취향을 존중해서 디저트 전문점이 늘어나고 있고, 이에 발맞추어 교육기관의 수업들은 제과실습, 디저트실습, 카페브런치실습 등등 다양한 영역으로 확대되고 있다.

앞으로 베이커리 기술인들도 기술만 가지고 제품을 제조하는 단계는 한계에 다다르게 되었다. 즉, 제과제빵 기본원리와 식품, 영양학적인 측면과 식재료 관리능력 등 이론적인 지식을 갖추지 않으면 치열한 경쟁 구도에서 진정한 파티시에로 성장하기 어려운 구조로 바뀌었다.

이러한 측면에서 저자는 그간의 현장에서의 실무경험과 대학에서의 강의 경험을 바탕으로 케이크 & 개이크 교재를 만들게 되었다.

본 교재의 특성은 여러 번의 테스트를 통해 다양한 케이크 제품 및 강아지 간식을 만들 수 있는 실습 교육 과정이라는 것이다. 현재 제과제빵을 배우는 학생들이 보다 체계적인 수업을 통해 다양한 원료 및 도구를 접하고 다양한 방법으로 제품을 만들어보는 과정의 체험을 위해 만들었다.

아직 부족한 부분은 많지만 제과제빵을 공부하는 학생들과 이 책을 활용하시는 모든 분들에게 조금이나마 도움이 되길 바란다.

감사합니다.

저자 씀

제과 이론

제과 실습

케이크
&
개이크

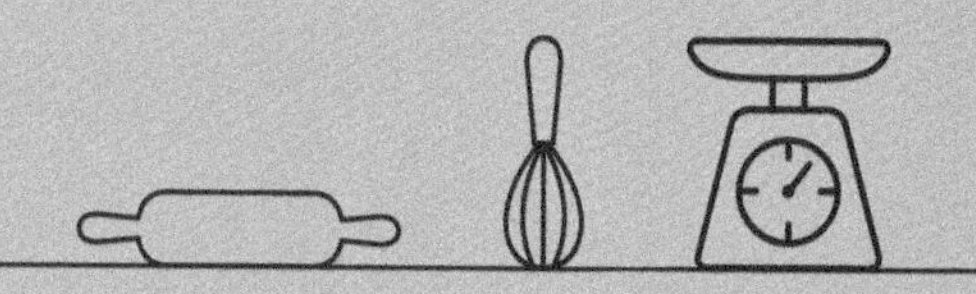

제과 이론

제과 이론

제과류의 정의 : 곡물가루로 만든 것으로 주식 외로 먹는 기호식품이다.

특징 : 화학적 팽창과 물리적 팽창에 의존한다. 주재료는 박력분, 유지, 계란, 설탕이며, 제과는 설탕 사용량이 많다.

빵과 과자의 차이점 : 밀가루 종류, 팽창방법, 물성이 다르며, 설탕 및 계란 사용량과 기능이 다른 것이다.

1. 제과재료의 기능

제과에 사용되는 재료에는 과자 반죽 시에 중요한 구성요소와 많은 기능이 있다.

1-1. 재료기능

- 밀가루

  제과용 밀가루를 박력분이라고 하며, 단백질 함량이 7~9%로 글루텐양과 질이 약하기 때문에 고율배합 케이크(케익)에 적합하며, 종류에는 크게 강력분, 중력분, 박력분이 있다.

- 설탕

  단맛을 주는 감미역할, 굽기 중 캐러멜(카라멜)화 반응에 의한 향미증진, 갈변반응으로 껍질색을 나게 한다.

  반죽의 흐름성을 조절하며, 밀가루 속 단백질과 제품의 속결 및 기공을 부드럽게 하는 연화작용을 한다.

  보습성으로 인해 반죽 내에 수분을 잡아 노화를 지연시킨다.

  종류에는 과당, 전화당, 설탕, 포도당, 유당 등이 있다.

- 계란

  노른자는 농후화작용으로 결합제 역할을 하며, 레시틴성분으로 유화작용을 할 수 있다.

비타민, 단백질, 무기질 등으로 영양 면에서 우수하며, 전란 75%가 수분으로 이루어져 수분공급을 한다.

계란의 단백질이 열응고성에 의해 응고가 되어 구조형성을 할 수 있고 기포를 형성하여 부풀리는 역할을 할 수 있다. 종류에는 생계란, 냉동계란, 분말계란이 있다.

• 유지

크림화에서 가장 중요한 역할은 크리밍성으로 유지에 공기를 포집하는 역할로 부피를 만들어낸다.

제품을 유연하게 만들어주는 성질로 쇼트닝성을 가진 유지가 있으며, 크림에 수분을 많이 흡수할 수 있게 해주는 유화성질을 가진 유지도 있다. 유지를 많이 사용할 시에 산패를 견뎌내는 성질로는 안정성을 가져야 하며, 온도나 경도를 조절하여 원하는 모양대로 밀어펴거나 할 수 있는 신장성, 가소성을 가진 유지도 있다.

• 소금

소금의 맛이 적정해야 타 재료의 풍미를 증진하고, 제품의 단맛을 순화하는 감미조절기능을 한다. 머랭이 들어가는 케이크 반죽의 단백질을 강화시키는 경화제 역할을 한다.

• 팽창제

케이크에서 부피와 기공을 만들어 연화작용을 한다. 반죽의 단백질 용해로 부드러운 조직을 갖고 식감을 향상시킨다. 종류는 베이킹소다와 베이킹파우더 두 가지로 나뉜다.

• 유화제

물과 기름을 유화시킬 수 있는 계면활성제라고도 한다. 반죽형 케이크에서 유지와 계란의 함량이 높은 비율을 가진 제품들은 유화제를 필요로 한다.

• 안정제

물, 기름, 기포의 불안정한 상태를 안정된 구조로 바꾸어주는 역할을 한다.

종류에는 한천, 젤라틴, 펙틴, 씨엠씨, 알긴산류 등이 있다.

1-2. 구성요소

- **보형성** : 밀가루, 전분, 계란, 고체유지, 초콜릿류는 제품모양을 유지해 준다.
- **팽창물질** : 계란, 화학팽창제, 고체유지류는 볼륨과 부드러움의 식감을 형성한다.
- **유연성물질** : 유지, 전분, 설탕, 팽창제류는 글루텐을 약화시켜 부드러운 식감을 준다.
- **풍미물질** : 설탕, 계란, 유제품, 소금, 향신료류는 제품의 잡내 제거 및 풍미를 개선시킨다.

2. 과자분류

2-1. 팽창유무에 따른 분류

- **화학적 팽창** : 화학팽창제에 의존한다. 반죽형케이크, 반죽형쿠키, 케이크도넛 등
- **물리적 팽창** : 믹싱 내 포집된 공기에 의존하는 공기팽창과 수증기압으로 팽창하는 방법
- **공기팽창** : 거품형케이크, 시퐁케이크, 엔젤푸드케이크, 머랭을 이용한 케이크 또는 쿠키
- **수증기압팽창(유지팽창)** : 페이스트리, 파이껍질 등
- **발효팽창(이스트팽창)** : 이스트로 CO_2(이산화탄소)를 발생시켜 팽창하는 것이다. 사바랭, 커피케이크류 등
- **복합팽창** : 2가지 팽창방법이 혼합된 것이다. 과일케이크, 시퐁케이크 등
- **무팽창** : 반죽에 팽창이 이뤄지지 않은 것

2-2. 가공형태 및 제품별 분류

- **양과자** : 무스케이크, 버터케이크, 구움과자류
- **건과자** : 쿠키, 비스킷류

- **생과자** : 만주, 양갱 등 일본식 과자류
- **페이스트리** : 반죽과 유지를 이용해 결을 만들고 증기로 부풀리는 제품
- **데커레이션 케이크** : 시각적인 부분과 맛을 표현한 케이크
- **냉과자** : 무스류, 젤리, 바바루아, 푸딩류
- **찜과자** : 만주, 푸딩, 치즈케이크류
- **캔디** : 캔디류, 젤리류
- **초콜릿과자** : 초콜릿을 이용한 제품으로 봉봉이나 생초콜릿
- **공예과자** : 전시용이나 화려한 멋을 살려 미각적인 부분을 표현하며, 케이크나 과자류로 먹을 수 없는 재료도 일부 사용

2-3. 수분함량의 분류

- **생과자** : 수분함량이 30% 이상인 과자류
- **건과자** : 수분함량이 5% 이하인 과자류

2-4. 지역에 따른 분류

- **한과자** : 우리나라 병과류
- **양과자** : 냉과와 구움과자류의 총칭으로 유럽식 과자류
- **화과자** : 생과자, 건과자로 크게 분류되며 일본식 과자류
- **중화과자** : 중국 과자류

3. 반죽제법 분류

반죽에 공기를 포집시켜 미세한 기공과 조직이 생겨나며 다양한 구조적 차이를 보이게 된다.

재료비율에 따라 혼합방법이 달라진다. 요구모양에 따라 제법이 달라진다.

3-1. 반죽형 반죽

밀가류, 유지, 계란, 설탕이 주재료이다.

특징 : 많은 양의 유지를 사용하며, 화학적 팽창제를 이용하여 부피를 만든다.

제품이 부드럽고 노화속도가 느리다.

종류는 파운드케이크, 레이어 케이크, 과일케이크, 마들렌 등이 있다.

제법으로는 크림법, 블렌딩법, 설탕/물법, 1단계법이 있다.

① 크림법 : 대표적으로 파운드케이크, 마블파운드케이크

- 큰 부피를 얻고자 할 때 사용. 가장 기본형 믹싱법. 유지와 설탕을 먼저 혼합
- 크림화가 오래 걸려 시간이 증가
- **제조방법** : 유지를 부드럽게 풀고, 설탕을 나누어 넣으면서 공기를 혼입한다. 부피가 생기면 계란을 나누어 투입한 뒤 체친 가루를 혼합한다. 크림법은 분리될 수 있다.

② 블렌딩법 : 대표적으로 레이어케이크, 데블스푸드케이크

- 부드러운 제품을 얻고자 할 때 사용. 글루텐 발전을 최소화하여 쉽게 부서질 수 있으므로 외형상 모양 유지가 어려울 수 있음
- **제조방법** : 차가운 유지와 밀가루를 잘게 쪼갠 뒤, 액체류(우유, 물, 계란 등)와 소금, 설탕을 넣고 녹여 섞어서 하나로 뭉치게 한다.

③ 설탕/물법 : 대표적으로 양산과자류

- 설탕을 시럽화하여 사용하여 액당법이라고도 하며, 입자가 남지 않고, 공기 혼입이 용이함
- 조밀한 기공과 조직의 내상을 얻을 수 있음. 대량생산에서 사용하는 방법
- **제조방법** : 유지를 부드럽게 풀면서 공기를 혼입. 파이프를 통해 액당시럽 투입하고 밀가루, 계란 순으로 투입함. 설탕과 물은 2:1 비율로 액당을 만들어 사용함

④ 일단계법 : 대표적으로 마들렌, 브라우니류

- 모든 재료를 한번에 믹싱할 수 있고, 기계성능의 영향을 안 받음. 노동과 시간이 절감되는 방법
- 공기가 혼입되지 않아, 생재료 냄새와 반죽의 안정화를 위해 휴지를 거쳐야 함
- **제조방법** : 계란+건조재료류를 혼합 후 액체유지를 혼합 휴지 후 팬닝하여 굽기

3-2. 거품형

밀가루, 계란, 설탕, 소금이 주재료이다.

특징 : 계란 단백질의 유화성과 열응고성을 이용하는 것이다.

공기팽창에 해당하고, 반죽형에 비해 큰 부피를 얻을 수 있다.

종류는 버터스펀지케이크, 카스테라, 롤케이크 등이 있다.

제법으로는 공립법(더운 믹싱법, 찬 믹싱법), 별립법, 머랭법, 단단계법이 있다.

① 공립법

- 전란을 이용하여 기포를 내는 가장 보편화된 방법. 시간, 노동력이 절감됨
- **제조방법** : 더운 믹싱법(hot sponge method)
- 전란에 비해 설탕의 비율이 높은 경우 중탕을 43℃로 하여 설탕을 녹이고 거품을 내준다.
- 체친 가루 혼합 후 60℃ 용해버터를 넣고 비중을 맞춘다.
  (설탕이 용해되면서 기포성과 점성이 강해지면서 공기포집과 껍질색이 개선된다.)
- **찬 믹싱법(cold sponge method)**

전란과 설탕을 중탕 없이 고속으로 기계에 거품을 내준 뒤, 체친 가루 혼합 후 용해버터를 넣고 비중을 맞춘다.

② 별립법

- 노른자와 흰자를 분리하여 각각 거품을 내어 사용하며, 머랭이 혼합된 반죽으로 탄력 있는 제품을 얻을 수 있다. 설비와 시간, 노동력이 증가한다.
- **제조방법** : 노른자와 설탕A 및 소금을 넣고 거품을 낸다.
  흰자와 설탕B로 90%의 머랭을 만든다. 완성된 노른자 반죽에 머랭 1/3을 투입한다.
  체친 가루와 용해버터, 남은 머랭 2회를 순차적으로 섞고, 비중을 맞춘다.

③ 머랭법

- 종류는 프렌치머랭, 이탈리안머랭, 스위스머랭, 온제머랭, 냉제머랭이 있다.
- 흰자에 설탕만 첨가하여 거품을 낸 반죽이다.

• **제조방법** : 흰자의 거품을 내며 설탕을 2~3회로 나누어 90% 상태의 머랭을 제조한다.
제품에 맞는 건조재료를 가볍게 섞어준다.

• **머랭 제조 시 주의사항**
볼에 기름기가 없어야 한다.
흰자에 노른자가 들어가면 안 된다.
흰자의 단백질을 단단히 해서 기포의 기공을 치밀하게 만든다.

④ 단단계법

• 모든 재료를 한번에 혼합하여 거품을 내는 방법이다.
• 밀가루에 의해 계란의 기포성이 떨어지므로 유화 기포제를 사용한다.
• 간편하지만 기계성능이 좋아야 한다.
• **제조방법** : 액체재료를 제외한 나머지를 투입하여 거품을 내준다.
유지+액체재료를 온도를 맞추어 혼합 후 비중을 맞춘다.

3-3. 시퐁형

특징 : 부드러움과 동시에 조직, 부피를 가질 수 있는 제품이다.
화학적 팽창과 물리적 팽창이 동시에 이루어지는 복합팽창이다.
종류에는 쉬폰케이크가 있다.

• **제조방법** : 노른자, 설탕A, 소금, 식용유, 물을 순차적으로 혼합한다.
흰자와 설탕B로 머랭을 제조한다. 노른자반죽에 머랭 1/3을 넣은 뒤, 가루류 혼합 후 나머지 머랭을 넣고 마무리한다.

3-4. 복합형

특징 : 크림법과 머랭법을 혼합한 제법이다.
화학적 팽창과 물리적 팽창이 동시에 이루어지는 복합팽창이다.
종류에는 과일파운드케이크, 치즈케이크가 있다.

• **제조방법** : 유지에 공기를 충분히 혼합하고 소금, 설탕, 노른자를 넣고 부드러운 크림으로 제조한다.

흰자+설탕으로 머랭을 만든다. 크림법 반죽에 머랭 1/3을 넣은 뒤, 가루류 혼합 후 나머지 머랭을 넣고 마무리한다.

4. 제과공정

반죽법 결정 - 배합표 작성 - 재료 계량 - 반죽 제조 - 정형·팬닝 - 굽기, 튀기기 - 냉각 - 아이싱 및 장식 - 포장

4-1. 반죽법 결정

완제품의 종류, 팽창, 방법, 식감을 고려한다.

소비자의 기호, 생산인력과 시설을 고려한다.

4-2. 배합표 작성

밀가루를 기준으로 100%로 보며 Baker's%(베이커스퍼센트)라고 한다.

비율과 무게를 표시한 것으로 배합표라고 한다.

- **각 재료의 무게(g)** : 분할반죽무게(g) × 제품 수(개)
- **총반죽무게(g)** : 완제품무게(g) ÷ 1 - 분할손실(÷)
- **총재료의 무게(g)** : 분할총반죽무게(g) ÷ 1 - 분할손실(%)
- **밀가루 무게(g)** : 총재료무게(g) × 밀가루배합률(%) ÷ 총배합률(%)
- Baker's% : 밀가루 양에 기준을 두며 소규모 제과점에서 주로 사용함
- Ture% : 전체 재료의 합을 100%로 함
  대량 생산 시에 주로 사용하며, 엔젤푸드케이크는 트루퍼센트로 함

4-3. 고율배합과 저율배합

고율배합 제품은 부드러움이 지속되어 저장성이 좋은 특징이 있다.

다량의 유지와 많은 양의 액체를 필요로 하므로 분리를 최소화시킬 유화쇼트닝을 주로 사용한다.

① 반죽상태의 비교

반죽의 특징은 공기혼입량이 증가할수록 공기 포집도가 많아지면서 팽창제 사용량이 감소되고 비중이 낮을수록 가벼워진다. 수분함량이 많을수록 저온에서 오래 굽게 된다.

- **고율배합** : 공기혼입량 많음. 반죽 내 비중 낮음. 굽기온도 저온. 화학팽창제 양 감소
  저온장시간 굽는 오버베이킹(over baking)을 한다.
- **저율배합** : 공기혼입량 적음. 반죽 내 비중 높음. 굽기온도 고온. 화학팽창제 양 증가
  고온단시간 굽는 언더베이킹(under baking)을 한다.

② 배합비율량에 따른 비교

고율배합	저율배합
총액체류 > 설탕	총액체류 = 설탕
총액체류 > 밀가루	총액체류 ≤ 밀가루
설탕 ≥ 밀가루	설탕 ≤ 밀가루
계란 ≥ 쇼트닝	계란 ≥ 쇼트닝

4-4. 재료계량

재료의 무게를 신속, 정확하게 계량한다. 손실이 없도록 무게를 정확히 계량하여 오차를 줄인다.

계량이 완료되면 용도에 따라 재료를 분류하고 가루류는 체질하여 준비해 둔다.

- **체치는 목적**

2가지 이상의 가루류를 분산시키며, 공기를 혼입하여 다른 재료와 흡수가 잘 되게 하며 이물질을 제거할 수 있다.

4-5. 반죽 제조

반죽 제조 시 제품을 균일하게 생산하고 소비자 기호에 맞게 조절하기 위해서는 반죽의 비중과 온도가 가장 중요하며 그 외에 점도, 색상, pH를 조절하여 일정하게 맞추기도 한다.

① 반죽의 온도가 미치는 영향

- **반죽형태에 따라 일어나는 반죽온도의 영향**
  - **반죽형 반죽**의 온도가 낮을 때 기포가 충분하지 않아 부피가 작은 케이크

가 될 수 있으며 겉껍질이 두꺼워지고 향이 강해질 수 있고 내부색이 밝아진다. 설탕과 유지가 응고되어 기공이 작아질 수 있다.

반면, 온도가 높을 때나 비중이 높을 때도 부피가 작아지며 겉껍질색이 밝아진다. 유지와 설탕의 용해도가 높아져 공기 혼입량이 적어지게 되며 비중이 높아질 수 있다.

- **거품형 반죽**의 온도가 낮을 때 식감이 좋지 않고 굽는 시간이 늘어나게 된다. 기포성이 떨어지다 보니 공기 혼입량이 떨어져 부피가 작다. 온도가 높을 때는 노화가 빠르며, 기포성이 올라가 공기가 과다해져 조직이 거칠고 부피는 커질 수 있다.

• **반죽온도계산**

- **마찰계수** : (결과반죽온도 × 6) - (실내온도 + 밀가루온도 + 설탕온도 + 쇼트닝온도 + 달걀온도 + 수돗물온도)
- **사용할 물 온도** : (희망반죽온도 × 6) - (실내온도 + 밀가루온도 + 설탕온도 + 쇼트닝온도+달걀온도+마찰계수)
- **얼음 사용량** : 얼음 사용량 = 물 사용량(g) × (수돗물온도 - 사용수온도)÷ 80 + 수돗물온도

② 반죽의 비중

• 비중 = $\frac{(\text{반죽무게}+\text{컵무게}) - \text{컵무게}}{(\text{물무게}+\text{컵무게}) - \text{컵무게}}$

• 반죽형 케이크 적정비중 : 0.8±0.05 / 거품형 케이크 적정비중 : 0.5±0.05

• 수치가 작을수록 비중이 낮고, 수치가 클수록 비중이 높음

• 비중이 낮을 때는 부피가 크고 기공이 열려 거칠고 큰 기포가 형성됨
비중이 높을 때는 부피가 작고 기공이 조밀하여 무거운 조직이 됨

• **제품별 비중 순서**

파운드케이크 0.85 > 레이어케이크 0.75 > 스펀지케이크 0.5 > 엔젤푸드 케이크 0.4

③ **반죽의 산도 조절**

- **pH(수소이온농도)** : 최상의 제품을 만들기 위해 산도를 조절하여 맞춘다.
- 거품형 반죽의 pH는 중성(7)상태가 좋다.
- 반죽형 반죽의 pH는 산성(5.2~5.8)에서 안정성이 있다.

- **제품 및 재료 산도pH**
  - 산성 : 1.0~6.0, 중성 : 7.0, 알칼리성 : 8.0~14
  - **재료** : 흰자 8.8~9.0, 증류수 7.0, 베이킹파우더 6.5~7.5, 박력분 5.0~6.0
  - **제품** : 과일케이크 4.4~5.0, 엔젤푸드 5.2~6.0, 파운드케이크 6.6~7.1, 스펀지케이크 7.3~7.6, 화이트레이어 7.4~7.8, 초콜릿케이크 7.8~8.8, 데블스푸드 8.5~9.2

- **산도의 영향과 조절**
  - **산성** : 기공과 조직이 조밀하여 부피가 작고 색이 연하고 신맛이 강하다. pH를 낮추고자 할 때와 향 및 색을 연하게 조절할 때 사용. 종류로는 주석산, 사과산, 구연산 첨가
  - **알칼리성** : 기공과 조직이 거칠어 부피가 크며, 색이 어둡고 강한 향과 쓴맛이 난다.
    pH를 높이고자 할 때와 향 및 색을 진하게 조절할 때 사용. 종류로는 소다, 중조 첨가
    pH가 7보다 작을수록 산성이 강해지고 pH가 7보다 클수록 알칼리성이 강해짐

4-6. 성형방법 및 팬닝

① **성형방법**

- **찍기** : 모양틀을 사용하여 찍기
- **짤주머니** : 모양깍지를 사용, 철판에 짜는 방법
- **팬닝** : 제품에 따라 해당하는 일정한 팬용적에 맞춰 채워 굽는 방법

② 제품의 비용적

- **비용적 정의** : 1g의 반죽이 차지하는 부피이다.(단위 ㎤)
- **반죽양 계산법** : 틀부피 ÷ 비용적 = 반죽무게
- **제품별 비용적** : 파운드케이크 2.40㎤/g, 레이어케이크 2.96㎤/g, 엔젤푸드 케이크 4.71㎤/g, 스펀지케이크 5.08㎤/g

동일한 틀에 구웠을 때, 비용적이 작을수록 팬닝양이 많고, 클수록 팬닝양이 적다.

③ 틀 부피 계산법

- **원형팬** : 팬의 용적㎤ = 반지름 × 반지름 × 3.14 × 높이
- **옆면이 경사진 둥근 틀** : 팬의 용적㎤ = 평균반지름 × 평균반지름 × 3.14 × 높이 (윗지름+아래지름) ÷ 2 = 평균반지름
- **옆면과 가운데 관이 경사진 원형 팬(엔젤팬)** : 팬의 용적㎤ = 바깥팬의 용적 - 안쪽팬의 용적

바깥평균 반지름 × 바깥평균 반지름 × 3.14 × 높이 = 바깥팬의 용적

안쪽평균 반지름 × 안쪽평균 반지름 × 3.14 × 높이 = 안쪽팬의 용적

- **옆면이 경사진 사각틀** : 팬의 용적㎤=평균가로×평균세로×높이

  (아래가로 + 위가로) ÷ 2 = 평균가로

  (아래세로 + 위세로) ÷ 2 = 평균세로

4-7. 굽기, 튀기기, 찜

① 굽기

- **온도에 부적당한 경우**
  - **오버베이킹** : 고율배합은 다량의 반죽에 적합하며, 저온장시간 굽는다. 과도하게 장시간 굽는 경우 위가 평평하고 수분손실이 크므로 노화가 빠르다.
  - **언더베이킹** : 저율배합은 소량의 반죽에 적합하며, 고온단시간 굽는다. 과도하게 단시간 굽는 경우 윗면이 솟아 갈라지고, 설익거나 주저앉는다.
- **굽기 손실률** = A - B ÷ A × 100 < A : 굽기 전 반죽 / B : 구운 직후 반죽 >

• **굽기 가열방식** : 복사열, 대류열, 전도열

② 튀기기

• **튀김 적절 온도** : 180~190℃

• **튀김기름의 4대 적** : 온도, 수분, 공기, 이물질

• **튀김기름이 갖추어야 할 조건**

- 열을 잘 전달해야 한다.
- 발연점이 높아야 한다.
- 산패취가 없어야 한다.
- 저장 중에 안정성이 높아야 한다.
- 수분이 없고 저장성이 높아야 한다.

• **튀김기름 관련 현상**

- **발한현상** : 온도가 높아 수분이 많아지면서 도넛설탕이 녹는 현상이다. 조치사항으로는 튀기는 시간을 늘리고 도넛의 수분양을 줄인다. 충분히 식혀 설탕을 뿌린다. 접착력이 좋은 튀김기름을 사용한다. 도넛에 묻히는 설탕량을 증가시킨다.
- **황화현상** : 온도가 낮아 기름흡수가 높아지고 그로 인해 도넛설탕이 녹는 현상이다.
  조치사항으로는 온도를 높이고 튀기는 시간을 적절하게 해준다. 충분히 기름을 빼준다.
  경화제인 스테아린을 3~6% 첨가한다.
- **회화현상** : 온도가 219℃ 이상 올라가면 푸른 연기가 나는 현상
  조치사항으로는 발연점이 높은 튀김기름을 사용한다.

③ 찜류

• 찜은 수증기로 인한 대류를 이용한 제품이다.

• 찜기의 내부온도는 97℃ 정도이다.

• **찜류 제품** : 찐빵, 치즈케이크, 찜케이크, 커스터드푸딩, 중화만두류

4-8. 냉각

- 냉각환경은 온도, 습도, 시간을 잘 맞추어야 한다.
- 상온에서 천천히 온도를 내려 35~40℃ 정도로 맞추는 것이다.
- 냉각방법으로는 자연냉각, 터널식 냉각, 에어컨디션식 냉각으로 크게 나눌 수 있다.
- 냉각장소는 환기시설이 잘되고 통풍이 잘되는 곳이어야 한다.

4-9. 마무리

마무리는 아이싱 및 장식으로 이루어지며 제품에 맛과 윤기를 주고, 표면에 장식을 함으로써 마르지 않도록 한다. 외관상 멋을 살리며, 충전물 또는 장식물이라고도 한다.

① 아이싱

설탕이 주재료이며 제품을 씌우는 작업이다.

- **단순아이싱** : 분당 + 물엿 + 물 + 향을 43℃로 가열하여 페이스트 상태로 만든 것
- **크림아이싱**
  - **마시멜로우아이싱** : 흰자거품+시럽+젤라틴을 고속으로 거품을 낸 것
  - **퍼지아이싱** : 설탕, 버터, 초콜릿, 우유를 주재료로 크림화하여 만든 것
  - **퐁당아이싱** : 물을 114~118℃로 끓인 뒤, 시럽을 저으면서 기포화하여 만든 것

＊ **아이싱의 끈적임 방지** : 안정제 사용, 흡수제 사용

＊ **아이싱 굳은 것 풀기** : 35~43℃로 가열, 최소의 액체를 넣고 중탕, 시럽을 첨가

② 글레이즈

제품 표면에 광택을 내는 것. 젤라틴, 시럽, 퐁당, 초콜릿 등을 이용함

＊ 도넛글레이즈 작업온도는 45~50℃

③ 크림류

- **생크림** : 유지방 함량 35~40% 정도의 생크림을 사용(작업온도 및 보존온도는 3~7℃)
- **휘핑크림** : 식물성 지방이 40% 이상인 크림. 동물성보다 취급이 용이

- **커스터드 크림** : 우유 + 노른자 + 설탕 + 옥수수전분 또는 박력분을 넣고 끓여 만든 크림
  노른자는 크림의 농도를 결정짓는 농후화작용으로 결합제 역할을 함
- **가나슈크림** : 우유나 생크림을 끓여 초콜릿과 섞어 만든 크림
- **버터크림** : 버터에 시럽을 넣고 크림으로 만든 것

④ 머랭류

- **냉제머랭** : 제과에서 기본이 되는 머랭이며 프렌치머랭이라 함
- **온제머랭** : 흰자와 설탕을 중탕한 뒤 거품을 낸 머랭
- **스위스머랭** : 흰자 1/3 + 설탕 2/3로 만든 온제머랭으로 제조하면서 레몬즙을 첨가
  냉제머랭을 만들어 온제머랭에 첨가. 장식물 제조 시에 사용
- **이탈리안머랭** : 흰자의 거품을 낸 뒤 114~118℃의 뜨거운 시럽을 부어 살균처리 과정을 거침
  버터크림, 무스 제조 시에 사용한다.

* **마지팬** : 아몬드가루와 분당을 주재료로 만든 페이스트로 제과에서 장식물로 많이 사용

4-10. 포장

제품의 유통과정에서 제품의 가치를 증진시키고 상품상태를 보호하기 위하여 적절한 용기에 담는 것을 말한다.

① 포장용기 선택 시 주의점

- 포장 온도는 35~40℃이다.
- 방수성이 있고 통기성이 없어야 한다.
- 유해물질이 없는 포장지와 용기를 선택해야 한다.
- 세균, 곰팡이가 발생하는 오염포장이 되어서는 안 된다.
- 단가가 낮아야 하며 상품의 가치를 높일 수 있어야 한다.

5. 제품별 제과법

5-1. 스펀지케이크-sponge cake (거품형 케이크)

거품형 반죽의 대표적인 제품

배합률 : 밀가루 100% : 계란 166% : 설탕 166% : 소금 2%

① 제조공정

- 공립법, 별립법 중, 반죽온도 22~23, 반죽비중 0.5
- 공립법은 전란과 설탕을 넣고 중탕법 또는 찬 믹싱법으로 선택하여 기계 믹싱한다.
  거품을 충분히 내고 체친 가루와 용해버터를 넣고 반죽을 완성한다.
- 별립법은 노른자거품, 흰자거품을 각각 내어 합쳐주는 방법이다.
- **굽기** : 180℃, 25~30분 굽는다.
  굽기 완료 후 즉시 틀과 분리해야 수축현상을 방지할 수 있다.

② 응용제품

- 카스테라, 아몬드 스펀지케이크 등
- 카스테라는 나무틀을 이용하여 굽기를 하는 스펀지케이크 응용제품 중 대표적이다.
- 굽기 온도는 180~190℃가 가장 적합

나무틀을 사용하는 목적

제품의 건조방지 열전도를 낮춰 장시간 구워도 껍질이 두꺼워지지 않으며, 제품의 건조를 방지한다.

카스테라 제조 시 굽기과정에서 휘젓기를 하는 이유

반죽온도를 일정하게 맞추고, 제품의 수평을 맞춤. 굽는 시간을 단축

제품의 표면을 고르게 하고, 완제품 내상을 균일하게 함

- 아몬드스펀지케이크는 지방이 50%로 구성된 아몬드분말을 넣어 노화를 지연시키고 풍미를 증진시킬 수 있는 제품으로 만들 수 있다.

③ 사용재료의 특성

- **밀가루** : 제품의 구조를 형성, 부드러운 제품을 만들고자 할 때 박력분을 사용한다.
- **설탕** : 감미제 역할을 함. 기포의 안정성을 증가시키고, 질김을 부드럽게 해준다.
  노화방지를 할 수 있다. 20~25%는 물엿이나 전화당, 포도당으로 대체할 수 있다.
- **계란** : 기포를 형성하는 주원료. 수분을 공급해 주며, 구조를 형성시켜 부피를 결정지을 수 있다. 노른자의 천연유화제 레시틴을 함유하고 있어 유화작용을 할 수 있다.

계란 사용량을 1% 감소시킬 때 조치사항

밀가루 사용량을 0.25% 추가, 물 사용량을 0.75% 추가, 베이킹파우더 0.03% 사용, 유화제를 0.03% 사용

- **유지** : 풍미를 줄 수 있다.
- **유화제** : 사용하고자 하는 유화제의 양을 결정
  유화제 양의 4배에 해당하는 물을 계산한다.
  원래 사용한 계란의 양-(유화제 4배에 해당하는 물의 양 + 유화제 양)=조절한 계란의 양

5-2. 롤케이크-roll cake (거품형 케이크)

거품형 중 스펀지케이크의 변형

배합률 : 설탕 100% : 계란 75~200%

① 제조공정

- 젤리롤케이크는 공립법, 소프트롤케이크는 별립법 제조 및 1단계법
- 반죽온도 22~23℃, 반죽비중 0.45~0.55
- **굽기** : 오버베이킹이 되지 않도록 주의. 구운 즉시 팬에서 분리하여 수축을 방지

• **말기** : 냉각시간이 길어져 노화되지 않도록 함. 잼류, 크림류를 발라 롤링

② 롤케이크 말 때 터짐방지 조치사항

• 비중이 높지 않게, 오버베이킹 주의

• 덱스트린을 사용하여 점착성을 증가

• 글리세린을 첨가해 제품에 유연성을 증가

• 과도한 팽창 줄이기 위해 팽창제 사용을 감소

• 설탕 일부를 물엿과 같은 보습력 있는 것으로 대체

• 노른자비율이 높으면 부서지기 쉬우므로 사용량 줄이고 전란을 증가

5-3. 엔젤푸드 케이크-angle food cake

흰자만 사용하고 계란의 기포성을 이용한 케이크

배합률 : 밀가루 15~18% : 흰자 40~50% : 설탕 30~42% : 주석산크림 0.5~0.625% : 소금 0.375~0.5%

엔젤푸드케이크는 배합표 작성을 Baker's%가 아닌 Ture% 작성(재료비율의 합이 100%)

① 제조공정

• 머랭법을 이용한 케이크 반죽온도 21~25℃, 반죽비중 0.4

• **산전처리법(주석산 + 소금 = 초기 투입)**

흰자에 주석산 + 소금 투입 = 젖은 피크머랭

전체 설탕의 2/3는 입상형 설탕으로 투입 = 85% 머랭

분당과 밀가루를 체친 후 혼합

• **산후처리법(주석산 + 소금 = 후기 투입)**

흰자를 젖은 피크머랭으로 제조

전체 설탕의 2/3는 입상형 설탕으로 투입 = 85% 머랭

주석산 + 소금 + 분당 + 밀가루와 체친 후 혼합

* **이형제** : 제과에서 사용하는 틀과 반죽을 잘 분리하기 위해 사용되는 물질/ 엔젤푸드, 쉬폰케이크 : 물

- **굽기** : 204~219℃에서 굽는다.

② 배합률 조절

- 소금과 주석산은 합이 1%가 되어야 한다.
- 설탕의 사용량 결정 설탕 = 100 - (흰자 + 밀가루 + 주석산크림 + 소금)
- 흰자 사용이 많을 시 주석산크림 사용량도 증가한다.
- 밀가루 15% = 흰자 50% , 밀가루 18% = 흰자 40%를 교차선택한다.

③ 사용재료의 특성

- **흰자** : 흰자 단백질은 구조형성을 함. 흰자 사용 시 기름기나 노른자, 이물질이 제거돼야 기포성이 우수해진다.
- **설탕** : 감미를 주는 유일한 연화제. 머랭의 기포를 안정화시킬 수 있음
- **소금** : 다른 재료와 어울리게 하고 맛을 내며 흰자를 강하게 함
- **주석산크림(산작용제)** : 흰자의 알칼리성(pH 9)을 중화. 산성이 들어감으로써 중화시킴

  pH를 낮춤으로써, 단백질의 등전점에 가깝게 하여 흰자의 결합력을 강하게 하여 머랭이 튼튼해짐

  pH를 낮춰 산성에 가깝게 한 머랭은 색상이 밝아짐

5-4. 파운드케이크

반죽형 반죽의 대표적인 제품

기본배합률 : 밀가루 100 : 유지 100 : 계란 100 : 설탕 100

① 제조공정

- 크림법 반죽온도 23℃, 비중 0.8
- 유지에 소금, 설탕을 넣고 크림화시킨다.
- 계란을 넣고 부드러운 크림상태로 만든다.
- 가루를 혼합한 후 액체류를 넣고 반죽을 완성한다.
- **굽기**

  굽기 시 2중팬을 사용하고, 윗면에 칼집을 내어 균일한 터짐을 만든다.

* 2중팬 사용하는 이유는 제품에 두꺼운 껍질형성을 방지하고 제품조직과 맛을 개선시키기 위해서다.
* 굽기 시 윗면이 터지는 이유는 설탕용해가 불충분하고 반죽이 되직할 때, 높은 온도에서 구워 껍질이 빨리 형성되었을 때 터질 수 있다.

② 응용제품

• **마블파운드케이크**

파운드반죽의 20~30%를 코코아를 혼합하여 우유로 되기를 조절하고, 두 가지의 색을 내는 파운드케이크이다.

• **과일파운드케이크**

건조과일 + 건과일류를 럼주에 절이고 전체 반죽의 25~50% 정도를 사용한다. 반죽에 넣기 전 과일을 밀가루에 피복시킨 뒤 사용하면 가라앉는 걸 방지할 수 있다.

* 과일케이크에서 과일의 전처리 목적 : 식감개선, 과일 풍미증가, 반죽 내 수분이 과일로 이동하지 않게 하기 위함
* 전처리 방법 : 건포도 무게 12~15%의 물을 넣고 4시간, 잠길 정도의 미온수에 10분 정도 담가 배수한 뒤 사용. 물 대신 럼주와 같은 술을 사용하면 풍미개선에 도움이 될 수 있다.

③ 사용재료의 특성

• **밀가루** : 박력분을 사용하면 부드러워지며, 강한 조직감을 원할 땐 중력분 또는 강력분을 섞는다.

• **유지** : 크림성과 유화성이 좋은 유지를 사용해야 한다.

• 버터는 풍미에 관여하며 유화성이 좋은 제품을 만들려면 유화쇼트닝을 사용하는 것이 좋다.

• 케이크 제조 시 유지의 기능으로 팽창기능, 유화기능, 흐름성으로 3가지 작용을 한다.

• **설탕** : 감미를 주며 껍질색을 개선시킨다. 과일파운드 제조 시 설탕을 줄인다.

- **계란** : 계란 증가 시 소금 증가(맛 증가), 유지 증가(팽창력, 연화력 증가), 베이킹파우더 감소(팽창균형), 우유 감소(수분함량의 균형)

5-5. 레이어케이크-layer cake (반죽형 케이크)

대표적인 반죽형 반죽 제품 중 고율배합

제법 : 크림법, 블렌딩법, 1단계법을 사용

① 제조공정

- 반죽 온도24℃ 반죽 비중 0.75 ~ 0.8
- 크림법으로 일반적으로 가장 많이 사용하지만 데블스푸드케이크는 블렌딩법으로 제조한다.

  블렌딩법은 유지와 밀가루를 먼저 혼합 후, 건조재료, 액체재료 순으로 혼합하는 과정이다.
- **굽기** : 180℃, 25~35분 정도 굽는다.
- **재료 사용범위**
  - **옐로레이어** : ·계란 = 쇼트닝 × 1.1 ·우유 = 설탕 + 25 - 계란 ·분유 = 우유 × 0.1 ·물 = 우유 × 0.9 ·설탕 : 110~140%
  - **화이트레이어** : ·흰자 = 쇼트닝 × 1.1 ·우유 = 설탕 + 30 - 흰자 ·분유 = 우유 × 0.1 ·물 = 우유 × 0.1 ·주석산크림 = 0.5% ·설탕 : 110~160%
  - **데블스푸드** : ·계란 = 쇼트닝 × 1.1 ·우유 = 설탕 + 30 + (코코아 × 1.5) - 계란 ·분유 = 우유 × 0.1 ·물 = 우유 × 0.9 ·설탕 : 110~180% ·중조 = 천연코코아 × 7% ·베이킹파우더 = 원래 사용하던 양 - (중조 × 3)
  - **초콜릿케이크** : ·계란 = 쇼트닝 × 1.1 ·우유= 설탕 + 30 + (코코아 × 1.5) - 계란 ·분유 = 우유 × 0.1 ·물 = 우유 × 0.9 ·설탕 : 110~180% ·초콜릿 = 코코아 + 카카오버터

- 설탕 및 쇼트닝 사용량 결정 후 배합률 조정

- **배합률 조절** : 계란량 - 우유량 - 분유량 - 물의 양 - 달걀 + 우유량 순으로 산출한다.

- **쓴맛이 나는 비터초콜릿 구성** : 코코아 = 초콜릿양 × 62.5%(= 5/8), 카카오버터 = 초콜릿양 × 37.5(= 3/8)
- 조절한 유화쇼트닝 = 기본유화쇼트닝 - (카카오버터 × 1/2), 유화쇼트닝 대신 유화제로 대체
- 중조를 베이킹파우더로 대체 사용 시 3배이다.
- 천연코코아 사용 시 코코아의 7%에 해당하는 중조를 사용하고 베이킹파우더 사용량을 줄인다.

5-6. 퍼프페이스트리-puff pastry

접기식 파이류로 반죽에 유지를 감싸 결을 만들어내는 제품

배합률 : 밀가루 100 : 유지 100 : 물 50 : 소금 1~3

제과류지만 강력분을 사용함. 반죽온도 18~20℃

① 제조공정

- **스코틀랜드식(다지기식)** : 유지 + 밀가루를 잘게 다지는 속성법, 액체재료 투입 후 뭉쳐준 다음 밀어펴기해 줌
- **프랑스식(접기식)** : 반죽에 충전용 유지를 감싸 접고 밀어펴는 방법으로 롤인법이라고도 함

  균일한 층과 큰 부피를 가질 수 있다. 덧가루 사용량이 많다.(3겹접기-휴지-밀어펴기를 3~4회 반복)
- **휴지** : 완성된 반죽 또는 유지를 감싸고 밀어편 뒤, 냉장고에서 20~30분씩 휴지. 손가락으로 눌러 자국이 남으면 휴지 완료

휴지의 목적

글루텐을 재정돈시켜 과도한 수축 방지

밀가루 수화가 잘 이루어져 글루텐을 연화 및 안정시킴

- **굽기** : 페이스트리의 굽기는 수증기에 의한 팽창이다.

  굽기 중 반죽 사이의 유지가 증기압을 발달시키고 팽창을 하게 된다.

  반죽층 사이의 수증기가 얇은 결을 만든다. 페이스트리는 높은 온도에서 증

기압으로 구워낸다.

② 사용재료의 특성

- **밀가루** : 양질의 제빵용 강력분을 사용함. 유지의 무게를 지탱해야 하므로 반죽의 글루텐이 강해야 함
- **유지** : 페이스트리용 유지는 강도가 강하면서 가소성 범위가 넓어야 함 유지가 너무 무르면 새어나와 작업성이 떨어지고 반죽에 흡수됨

* **가소성** : 온도나 경도를 조절하여 용도에 맞출 수 있는 성질이다.(파이, 페이스트리)

③ 정형 시 주의사항

- 과도한 밀어펴기를 하지 않도록 주의
- 정형 후 굽기 전에 반죽이 건조하지 않게 최종 휴지시킨 뒤 굽기
- 파치를 최소화하도록 성형한다.
- 성형한 반죽을 장기간 보관하려면 냉동해야 함

5-7. 사과파이-apple pie

파이반죽에 다양한 충전물로 맛을 만든다.
사과파이(과일류), 호두파이(견과류), 미트파이 등 반죽온도 18℃

① 제조공정

- **믹싱** : 블렌딩법
  유지와 밀가루를 쪼개서 피복시킨 뒤, 물에 소금, 설탕을 녹여 반죽과 혼합하여 한덩어리로 만든다.
  유지가 흐르지 않게 냉장고에서 충분히 휴지(4~24시간) 후 성형하여 사용한다.
- **성형** : 반죽을 0.3cm 두께로 밀어 전용틀에 담은 후 식은 충전물을 담고 뚜껑을 덮어준다.
  윗면에 노른자를 발라 지저분한 것들을 제거하고 광택을 준다.

파이휴지의 목적

반죽을 연화시키고, 끈적거림을 줄여 작업성이 좋아진다. 불규칙한 가루들의 수분을 정리한다.

- **과일충전물** : 사과를 자른 뒤, 설탕물에 담가 갈변을 방지한다.
  물 + 전분 + 설탕 + 계피 + 소금을 넣고 전분을 호화시킨다.(호화온도 60℃)
  호화시킨 필링에 사과를 넣고 1분간 볶아 수분을 날리고 버터를 넣는다.
- **굽기** : 220/180℃에서 35~40분가량 굽는다.

② 사용재료의 특성

- **충전물 농후화제 사용 목적**
  점성으로 인해 내용물이 잘 엉키게 한다. 과일의 색과 향을 유지하며, 광택을 좋게 한다.
- **농후화제 전분의 적절사용량** : 옥수수전분 3 : 타피오카 전분 1의 비율
- **밀가루** : 중력분을 사용한다.
  파이껍질의 구조형성을 하고 유치와 층을 만들어 결을 만들 수 있다.
- **유지** : 가소성이 높은 쇼트닝 또는 파이용 마가린, 경화쇼트닝을 사용한다.
  유지는 밀가루 기준 40~80% 정도 사용한다.
- **소금** : 다른 재료의 맛과 향을 살릴 수 있다.

5-8. 케이크도넛-cake doughnut

화학적 팽창제를 사용하여 팽창시킨다. 케이크와 부드러운 식감을 지녀 붙여진 명칭이다.

① 제조공정

- **믹싱** : 공립법 또는 크림법으로 제조. 반죽온도 : 22~24℃
- **성형** : 휴지한 뒤 성형에 들어간다. 일정한 두께로 밀어 정형기로 찍어낸다.
  튀기기 전 실온에 10분 정도 휴지한다.(차가운 냉기를 빼준다-수축방지)
- **튀김** : 180~195℃, 기름의 적정 깊이는 12~15cm. 기름의 깊이가 낮으면 도넛을 뒤집기가 어렵다.

• **마무리** : 아이싱, 글레이징한다.

글레이즈 적정온도 : 49℃, **설탕류는 도넛의 점착력이 클 때 사용** : 40℃ 전후

② 사용재료의 특성

• **밀가루** : 중력분 사용

• **계란** : 구조형성을 하며 수분을 공급

• **설탕** : 껍질색을 개선하여 착색하며 제품의 부드러움을 높여준다.

수분보유제로 노화를 지연시킨다.

③ 도넛의 주요 문제점

• **발한현상** : 도넛에 설탕이나 글레이즈 수분이 녹는 현상

• **조치사항** : 튀기는 시간을 늘려 도넛의 수분량을 줄인다.

충분히 식힌 다음 설탕을 뿌린다.

접착력이 좋은 튀김기름을 사용한다.

냉각 중 충분히 환기를 시킨다.

도넛에 묻는 설탕량을 증가시킨다.

* **튀김기름의 4대 적** : 공기, 수분, 온도, 이물질

5-9. 쿠키-cookie

쿠키의 반죽온도 18~24℃, 보관온도 10℃

① 쿠키의 분류

• 반죽형 쿠키

- **드롭쿠키** : 반죽형 쿠키 중 수분이 가장 많은 쿠키이며, 버터쿠키 등이 있다. 짜서 모양을 내는 형태
- **스냅쿠키** : 계란 사용량이 적고, 낮은 온도에서 오래 굽는 형태. 휴지를 거쳐 모양틀로 찍는 쿠키
- **쇼트브레드쿠키** : 스냅쿠키와 비슷한 배합으로 하지만 쇼트닝 사용으로 식감이 부드러움

• 거품형 쿠키

- **스펀지쿠키** : 반죽형과 거품형을 포함해 수분이 가장 많은 쿠키. 짤주머니로 짜는 형태
  대표적으로 핑거쿠키가 있으며 길이 5cm가량으로 짠 뒤 설탕을 뿌려 굽는 쿠키
- **머랭쿠키** : 흰자와 설탕을 이용해 머랭을 만들고 낮은 온도에서 건조하여 말리듯 굽기
  아몬드분말을 이용한 마카롱 또는 다쿠와즈 등

쿠키의 퍼짐을 좋게 하기 위한 조치

팽창제를 사용하며, 입자가 큰 설탕을 사용한다. 알칼리성 재료의 사용량을 증가시킨다.

② 제조특성의 분류

• 밀어펴서 찍어내는 쿠키 : 스냅과 쇼트브레드쿠키

• **짜는 형태의 쿠키** : 드롭쿠키와 거품형 쿠키류

• **냉동쿠키** : 유지가 많은 스냅쿠키류의 모양을 잡아 얼린 뒤, 해동 후 썰어서 사용

• **손작업쿠키** : 스냅쿠키류를 손으로 정형하여 만드는 쿠키류

• **판에 등사하는 쿠키** : 상당히 묽은 반죽상태로 철판에 부어 구우며 제품이 얇음

5-10. 슈-choux

밀가루, 계란, 유지, 물, 소금의 기본재료로 만든 양배추 모양의 익반죽

슈에 설탕이 들어가는 경우는 껍질에 균열이 생기지 않고, 내부 구멍 형성이 좋지 않으며, 상부가 둥글어진다.

① 제조공정

• **믹싱**: 익반죽, 반죽온도 25~30℃ 유지

물 + 소금 + 버터를 끓여준 다음 불을 끄고 중력분을 넣고 호화시킨다.

계란을 넣어가며 되기 조절을 하여준다. 이후 팽창제를 투입

- **팬닝** : 짤주머니에 담아 원형으로 짜준다. 분무 또는 침지를 하여준다.
- **분무 또는 침지** : 팽창 전 껍질이 형성되면 충분한 팽창을 할 수 없어 내부를 만들 수 없다.

분무 또는 침지 후 나타나는 특징

슈껍질을 얇게 하며, 팽창을 크게 할 수 있고, 균일한 터짐을 만들 수 있다.

- **굽기** : 수증기팽창을 하는 슈는 굽기 도중 오븐 문을 열어 차가운 공기가 들어가면 주저앉으므로 오븐문을 자주 여닫지 않도록 주의한다.

5-11. 냉과류

- **냉과류 정의** : 냉장냉동고에서 마무리하는 모든 과자류
- **냉과류의 종류**

① 무스(mousse)

커스터드와 초콜릿, 과일퓌레, 생크림, 흰자로 이탈리안 머랭, 노른자로 파트아봄브 앙글레즈 등을 제조하여 안정제를 넣고 틀에 굳힌 제품. 프랑스어로 무스는 거품이라는 뜻

② 푸딩

제조 시 설탕 1 : 계란 2의 비율로 우유 100 : 소금 1의 비율로 배합표를 작성

우유 + 설탕을 80~90℃로 데운 후, 풀어준 계란과 혼합 후 중탕으로 익힌다.

계란의 열변성에 의한 농후화작용을 이용한 제품

팽창하지 않는 제품으로 푸딩컵에 95% 팬닝. 완제품 부피에 맞게 팬닝

160℃ 정도의 오븐에서 중탕으로 하며 온도가 높으면 푸딩 표면에 기포가 생긴다.

③ 젤리

안정제와 과일을 갈아 넣고 굳힌 제품. 안정제 종류 : 펙틴, 젤라틴, 한천, 알긴산

④ 바바루아

우유, 설탕, 계란, 생크림, 젤라틴과 같은 안정제를 넣어 만든 제품

⑤ 블라망제

흰 음식을 뜻하며 아몬드를 넣은 희고 부드러운 냉과

- **당도 구하는 공식** : 당도 = 용질 ÷ 용매 + 용질 × 100

6. 제품평가 및 원인과 결함

6-1. 제품평가

① 외부적 평가

- **부피** : 분할에 대한 모양이 알맞게 부풀어야 한다.
- **균형** : 좌우대칭과 균형이 알맞아야 한다.
- **껍질색** : 색상이 균일하고 반점과 줄무늬가 없어야 한다. 식욕을 돋우는 색상이어야 하며 타지 않아야 한다.
- **껍질특성** : 얇으면서 부드러운 껍질이 좋다.

② 내부적 평가

- **기공** : 기공이 일정하고 고른 조직이 좋다.
- **조직** : 탄력성이 있으면서 부드러운 느낌이 있어야 한다.
- **속색** : 흰색이 가장 이상적이며 윤기가 있어야 한다.
- **맛과 향** : 고유의 향과 제품특성의 맛을 잘 살려야 한다.

6-2. 원인과 결함

① 반죽형 케이크

- 부피가 작아지는 원인
  - 강력분 사용함·계란량이 부족하거나 품질이 낮음·오븐온도가 낮거나 높은 경우·팽창제 과다 사용
  - 유지의 유화성과 크림성이 나쁨·액체류가 많거나 팽창제가 부족한 경우
- 굽기 중 수축하는 원인
  - 팽창제 사용이 과다한 경우·반죽에 과도한 공기혼입·오븐온도가 낮거나 높은 경우·반죽혼합이 부적절·설탕과 액체재료의 사용량이 많음 ·밀가루

사용량이 부족한 경우 · 염소표백하지 않은 밀가루 사용

- 반죽 시 분리현상

유화성 없는 유지 사용 · 반죽온도 낮음 · 품질 낮은 계란 사용 · 계란을 한번에 넣음

- 완제품이 가볍고 부서지는 원인

밀가루 사용량이 부족함 · 크림화가 지나침 · 화학팽창제 사용량이 많음 · 유지 사용량이 많음

- 완제품이 무거운 원인

설탕량이나 쇼트닝양이 많음 · 수분량이 많음 · 비중이 무거움 · 케이크가 익지 않음

- 케이크 중앙이 솟는 경우

쇼트닝양이 적음 · 반죽이 됨 · 언더베이킹

- 케이크 중앙이 가라앉는 경우

설탕량이 많음 · 팽창이 과도함 · 케이크가 설익음 · 구조형성 물질이 적음

- 겉껍질이 갈라지는 경우

오븐이 너무 뜨거움 · 반죽이 너무 된 경우

- 케이크가 단단하고 질김

배합에 맞지 않은 밀가루 사용 · 계란 사용 과다 · 오븐 온도 높음 · 팽창이 작음

② 거품형 케이크

- 굽는 동안 가라앉는 경우

오븐온도가 낮을 때 · 비중이 너무 낮음 · 설탕량이 많거나 밀가루의 품질이 나쁠 때

- 부피가 작은 경우

배합비의 균형이 맞지 않음 · 오븐온도가 높거나 낮음 · 팬닝양이 적음 · 반죽 혼합이 부적절함

• 겉껍질이 두꺼운 경우

설탕량이 과도함·팬닝양이 과도·오븐온도가 높음·오래 구움

• 맛과 향이 떨어짐

아이싱, 충전물 재료가 나쁨·계란과 유지의 질이 떨어짐·틀, 철판 위생 나쁨·향료 과다

③ 파운드케이크 윗면이 자연적으로 터지는 원인

설탕이 다 녹지 않음·높은 온도에서 구워 껍질이 빨리 생김·반죽수분 부족·팬닝 직후 굽지 않아 겉껍질이 마름

④ 레이어케이크

• 기공이 열리고 거칢

표백하지 않은 박력분 사용·재료들이 골고루 혼합되지 않음·오븐온도가 낮음·팽창제 과다 사용

• 껍질에 반점, 색이 균일하지 않음

설탕용해가 균일하지 않음·체를 치지 않고, 재료 분산 안 됨

⑤ 스펀지케이크

• 부피가 작음

불량한 밀가루 사용·흰자와 노른자 비율이 적절치 않음·신선하지 않은 계란 사용·오븐온도가 높음 ·급속냉각시킴

• 구운 뒤 수축하는 원인

냉각이 충분하지 않음·오븐 온도가 낮음·기공과 조직이 약함

• 기공과 조직이 고르지 않음

설탕이 시럽으로 농축됨·계란을 과믹싱함·유화제 과다 사용·오븐온도가 낮음

⑥ 롤케이크류

• 롤케이크 말 때 터짐

반죽의 신축성이 부족함·반죽이 되직함·팽창제 과다 사용·오버베이킹

• **롤케이크가 축축한 원인과 조치**

팽창이 부족한 경우·조직이 조밀하고 습기가 많음·제품에 수분이 많거나 언더베이킹함

⑦ 엔젤푸드케이크

• **부피가 작음**

흰자에 많은 물 사용·흰자의 거품이 지나침·이형제기름 사용·단백질함량 높은 밀가루 사용·글루텐 발달이 지나침 ·오븐온도가 높음

• **완제품이 수축함**

신선하지 않은 계란 사용·오븐온도가 높음·틀에서 방치함·밀가루 투입 후 과도한 믹싱

• **반죽이 되거나 묽음**

흰자 거품이 과믹싱·과도 혼합·머랭에 기름이 들어감·흰자단백질 고형질 적음

• **구멍이 생김**

흰자거품 과믹싱·오븐온도 낮음·설탕응집·굵은 설탕 사용함

• **머랭에 습기가 생김**

흰자수분 많음·흰자의 질이 불량함·흰자에 기름기가 있음

⑧ 페이스트리와 파이류

• **팽창부족, 수축**

부적절한 밀어펴기·부족한 휴지시간·굽는 온도가 높거나 낮은 경우

• **유지가 샘**

봉합이 안 됨·오래된 반죽 사용·과도한 밀어펴기·박력분 사용·너무 낮거나 높은 오븐 온도·장시간 굽기를 함

• **결이 거칠고 수포**

껍질에 계란을 많이 바른 경우·굽기 전 반죽에 구멍을 내지 않음

• **제품이 단단함**

글루텐 형성이 됨(반죽을 오래 치댐)·자투리반죽을 과도하게 사용함

• 바닥이 축축함

덜 구움 · 온도가 안 맞음 · 충전유지가 흘러나옴

• 파이 충전물이 끓어 넘치는 경우

껍질에 수분이 많은 경우 · 위아래 껍질을 잘 붙이지 않은 경우 · 오븐의 온도가 낮은 경우 · 충전물의 온도가 높은 경우 · 바닥 껍질이 너무 얇은 경우 · 설탕이 너무 많은 경우

⑨ 도넛류

• 부피가 작음

반죽온도가 낮음 · 중량이 작음 · 맞지 않은 밀가루 사용함 · 튀김시간이 짧음 · 반죽부터 튀김시간까지 경과한 경우

• 흡유율이 높음

튀김온도가 낮음 · 튀김시간이 긺 · 글루텐이 부족함 · 믹싱시간이 짧음 · 고율배합 · 반죽에 수분이 많음

⑩ 쿠키류

• 쿠키의 퍼짐이 심함

알칼리성 반죽 · 묽은 반죽 · 부족한 믹싱 · 낮은 오븐온도 · 입자가 크거나 많은 양의 설탕 사용

• 쿠키의 퍼짐이 작음

산성반죽 · 된반죽 · 과도한 믹싱 · 높은 오븐온도 · 입자가 곱거나 적은 양의 설탕 사용

⑪ 슈

• 슈가 팽창하지 않음

굽는 온도가 낮고 기름칠이 적음

• 슈 밑면이 움푹 들어감

분무 침지 부족 · 팬에 기름칠이 많은 경우 · 오븐온도가 너무 높은 경우

케이크
&
개이크

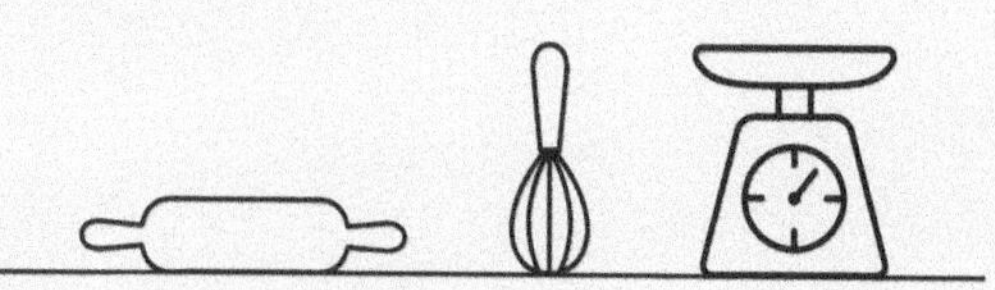

제과 실습

딸기 크림치즈 케이크

시트(2호 3~4개)

계란	500g
설탕	250g
물엿	11g
박력분	250g
식용유	50g
우유	33g

시럽

설탕	130g
물	100g
레몬	1/2개

크림치즈크림

크림치즈	100g
설탕	50g
에버휩	200g

제조공정

시트

1. 계란, 설탕, 물엿을 잘 섞어준다.
2. 중탕으로 43~45℃까지 데워준다.
3. 계란을 충분하게 휘핑한다.
4. 체친 박력분을 섞어준다.
5. 우유, 식용유에 반죽 일부를 섞어 본반죽에 섞어준다.(우유를 너무 차갑지 않도록 한다.)
6. 팬닝 팬에 70~80% 반죽을 넣어준다.
7. **굽기**

   데크오븐 180℃/160℃, 20분~25분 구워준다.

시럽

1. 설탕과 물을 냄비에 넣고 같이 끓여준다.
2. 슬라이스 레몬을 넣고 한번 더 끓여준 후 식혀서 사용한다.

크림치즈크림

1. 크림치즈를 부드럽게 풀어준다.
2. 설탕을 넣고 부드럽게 풀어준다.
3. 에버휩을 넣어 섞어준 후 휘핑하여 사용한다.

딸기 크림치즈 케이크

1. 시트를 1cm로 슬라이스한다.
2. 케이스 크기에 맞추어 시트 2장을 준비한다.
3. 시럽을 시트에 고르게 발라준다.
4. 시트를 바닥에 한 장 놓고 크림치즈크림을 짜준다.
5. 옆면에 자른 딸기를 둘러준 후 가운데는 다진 딸기를 넣어준다.
6. 크림을 짜준 후 시트를 한 장 더 올린 후 크림으로 짜준다.
7. 딸기를 자른 후 장식하고 광택제로 과일을 발라준다.

1
2
3
4
5
6
7
8

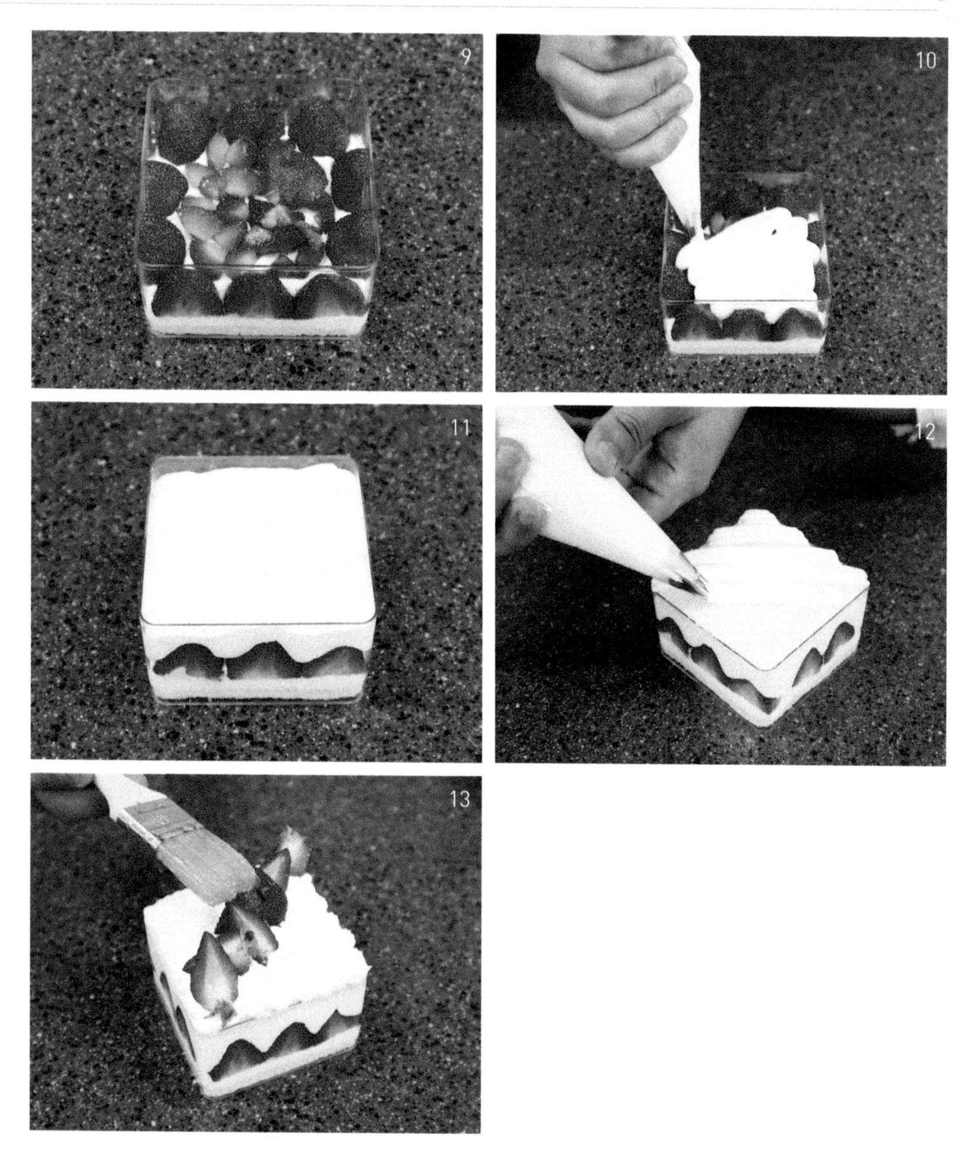
9
10
11
12
13

샤인머스캣 케이크

시트(2호 3~4개)

계란	500g
설탕	250g
물엿	11g
박력분	250g
식용유	50g
우유	33g

시럽

설탕	130g
물	100g
레몬	1/2개

크림치즈크림

크림치즈	100g
설탕	50g
에버휩	200g

제조공정

시트

1. 계란, 설탕, 물엿을 잘 섞어준다.
2. 중탕으로 43~45℃까지 데워준다.
3. 계란을 충분하게 휘핑한다.
4. 체친 박력분을 섞어준다.
5. 우유, 식용유에 반죽 일부를 섞어 본반죽에 섞어준다.(우유를 너무 차갑지 않도록 한다.)
6. 팬닝 팬에 70~80% 반죽을 넣어준다.
7. 굽기
   데크오븐 180℃/160℃, 20분~25분 구워준다.

시럽

1. 설탕과 물을 냄비에 넣고 같이 끓여준다.
2. 슬라이스 레몬을 넣고 한번 더 끓여준 후 식혀서 사용한다.

크림치즈크림

1. 크림치즈를 부드럽게 풀어준다.
2. 설탕을 넣고 부드럽게 풀어준다.
3. 에버휩을 넣어 섞어준 후 휘핑하여 사용한다.

샤인머스캣 케이크

1. 시트를 1cm로 슬라이스한다.
2. 케이스 크기에 맞추어 시트 2장을 준비한다.
3. 시럽을 시트에 고르게 발라준다.
4. 시트를 바닥에 한 장 놓고 크림치즈크림을 짜준다.
5. 옆면에 자른 샤인머스캣을 주변에 넣어준다.
6. 크림을 짜준 후 시트를 한 장 더 올려준 후 크림을 짜준다.
7. 샤인머스캣으로 장식하고 광택제로 과일을 발라준다.

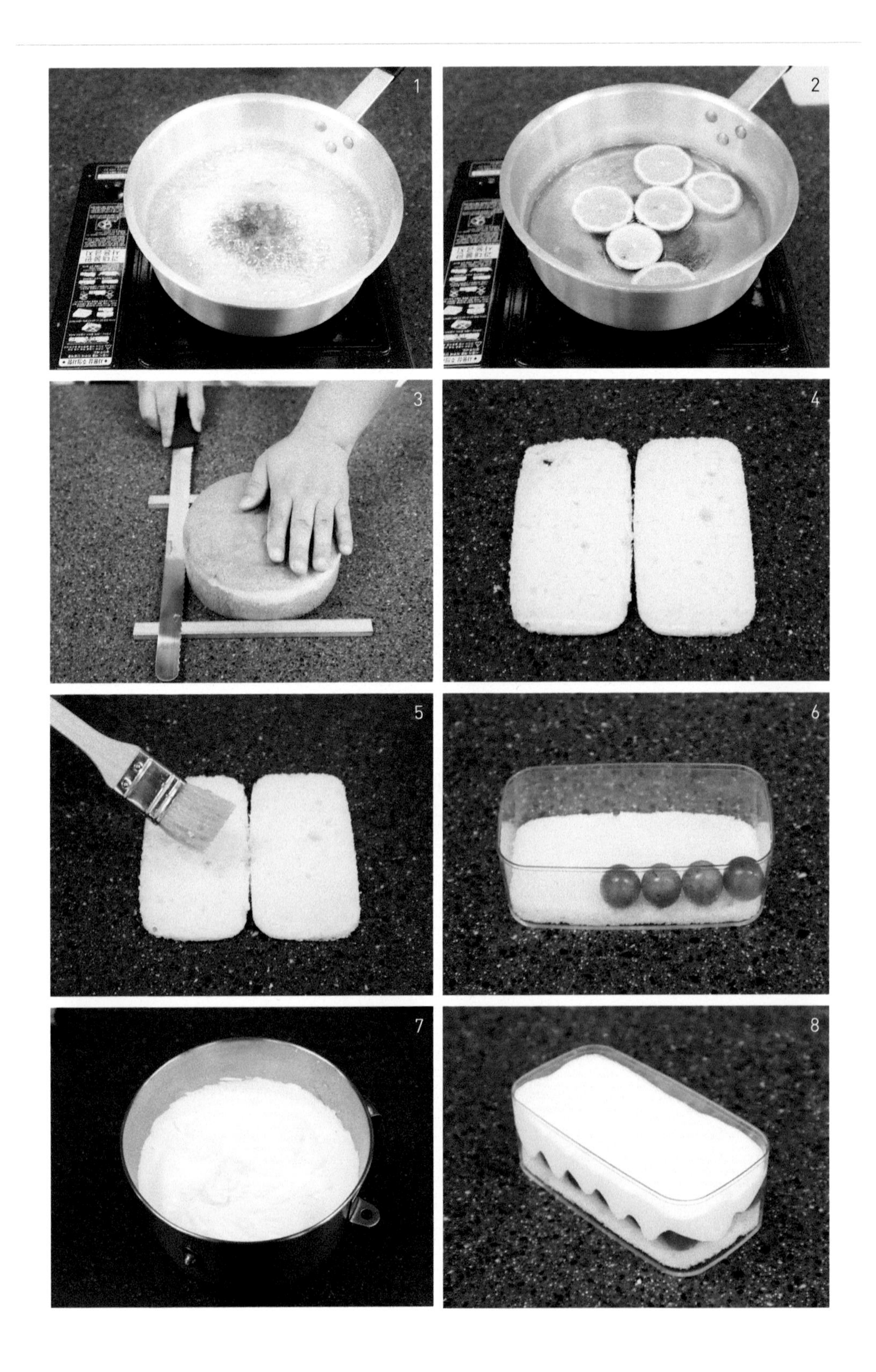
1
2
3
4
5
6
7
8

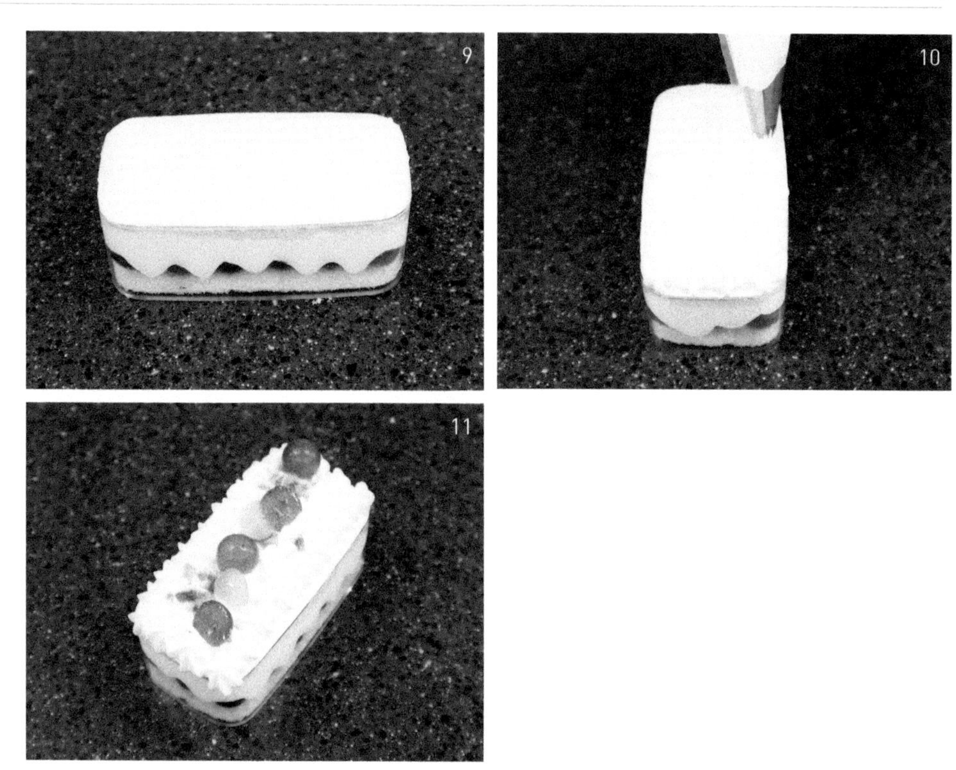

포도 케이크

시트(2호 3~4개)

계란	500g
설탕	250g
물엿	11g
박력분	250g
식용유	50g
우유	33g

시럽

설탕	130g
물	100g
레몬	1/2개

크림치즈크림

크림치즈	100g
설탕	50g
에버휩	200g

제조공정

시트

1. 계란, 설탕, 물엿을 잘 섞어준다.
2. 중탕으로 43~45℃까지 데워준다.
3. 계란을 충분하게 휘핑한다.
4. 체친 박력분을 섞어준다.
5. 우유, 식용유에 반죽 일부를 섞어 본반죽에 섞어준다.(우유를 너무 차갑지 않도록 한다.)
6. 팬닝 팬에 70~80% 반죽을 넣어준다.
7. 굽기

   데크오븐 180℃/160℃, 20분~25분 구워준다.

시럽

1. 설탕과 물을 냄비에 넣고 같이 끓여준다.
2. 슬라이스 레몬을 넣고 한번 더 끓여준 후 식혀서 사용한다.

크림치즈크림

1. 크림치즈를 부드럽게 풀어준다.
2. 설탕을 넣고 부드럽게 풀어준다.
3. 에버휩을 넣어 섞어준 후 휘핑하여 사용한다.

포도 케이크

1. 시트를 1cm로 슬라이스한다.
2. 케이스 크기에 맞추어 시트 2장을 준비한다.
3. 시럽을 시트에 고르게 발라준다.
4. 시트를 바닥에 한 장 놓고 크림치즈크림을 짜준다.
5. 옆면에 자른 포도를 주변에 넣어준다.
6. 크림을 짜준 후 시트를 한 장 더 올려준 후 크림을 짜준다.
7. 포도를 장식하고 광택제로 과일을 발라준다.

1
2
3
4
5
6
7
8

9

10

카라멜 바나나 케이크

시트(2호 3~4개)

계란	500g
설탕	250g
물엿	11g
박력분	250g
식용유	50g
우유	33g

시럽

설탕	130g
물	100g
레몬	1/2개

크림치즈크림

크림치즈	100g
설탕	50g
에버휩	200g

카라멜 바나나

바나나	1개~2개
설탕	100g
버터	15g
럼	5g

제조공정

시트

1. 계란, 설탕, 물엿을 잘 섞어준다.
2. 중탕으로 43~45℃까지 데워준다.
3. 계란을 충분하게 휘핑한다.
4. 체친 박력분을 섞어준다.
5. 우유, 식용유에 반죽 일부를 섞어 본반죽에 섞어준다.(우유를 너무 차갑지 않도록 한다.)
6. 팬닝 팬에 70~80% 반죽을 넣어준다.
7. 굽기
   데크오븐 180℃/160℃, 20분~25분 구워준다.

시럽

1. 설탕과 물을 냄비에 넣고 같이 끓여준다.
2. 슬라이스 레몬을 넣고 한번 더 끓여준 후 식혀서 사용한다.

크림치즈크림

1. 크림치즈를 부드럽게 풀어준다.
2. 설탕을 넣고 부드럽게 풀어준다.
3. 에버휩을 넣어 섞어준후 휘핑하여 사용한다.

카라멜 바나나

1. 바나나를 1cm~1.5cm로 잘라준다.
2. 설탕, 물을 냄비에 넣어 카라멜화를 한다.
3. 버터를 넣고 섞어준후 바나나를 넣어준다.
4. 럼을 넣고 마무리한다.

카라멜 바나나 케이크

1. 시트를 1cm로 슬라이스한다.
2. 케이스 크기에 맞추어 시트 2장을 준비한다.
3. 시럽을 시트에 고르게 발라준다.
4. 시트를 바닥에 한 장 놓고 크림치즈크림을 짜준다.
5. 옆면에 자른 바나나를 주변에 넣어준다.
6. 크림을 짜준 후 시트를 한 장 더 올려준 후 크림을 짜준다.
7. 카라멜 바나나로 장식한다.

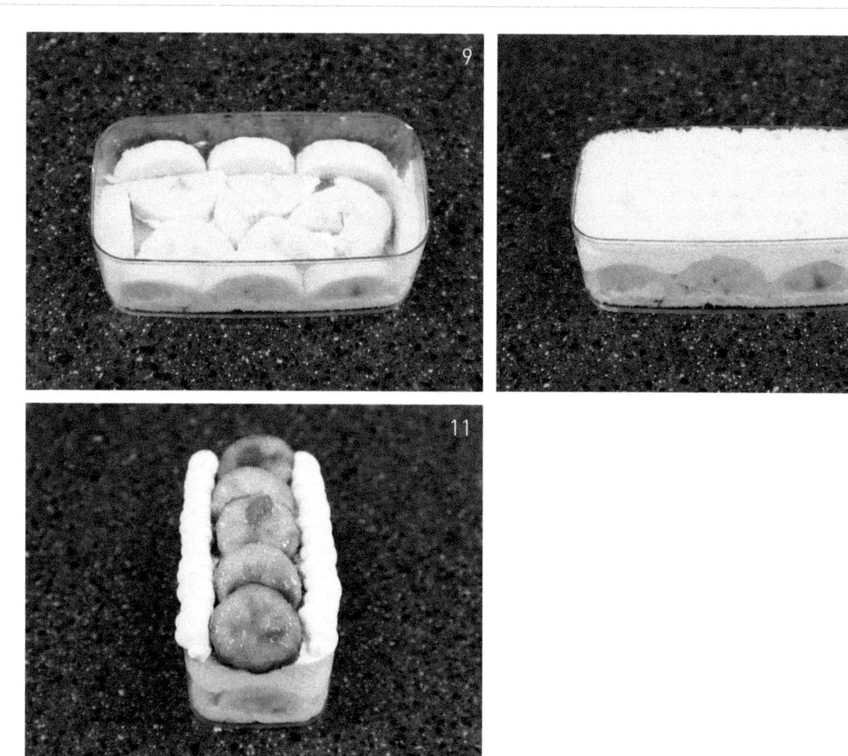
9
10
11

오렌지 사각 케이크

시트(2호 3~4개)

계란	500g
설탕	250g
물엿	11g
박력분	250g
식용유	50g
우유	33g

오렌지 시럽

설탕	130g
물	100g
오렌지	1/2개

크림치즈크림

크림치즈	100g
설탕	50g
에버휩	200g

오렌지 절임

설탕	150g
물	100g
오렌지	2ea

제조공정

시트

1. 계란, 설탕, 물엿을 잘 섞어준다.
2. 중탕으로 43~45℃까지 데워준다.
3. 계란을 충분하게 휘핑한다.
4. 체친 박력분을 섞어준다.
5. 우유, 식용유에 반죽 일부를 섞어 본반죽에 섞어준다.(우유를 너무 차갑지 않도록 한다.)
6. 팬닝 팬에 70~80% 반죽을 넣어준다.
7. **굽기**
   데크오븐 180℃/160℃, 20분~25분 구워준다.

오렌지 시럽

1. 설탕과 물을 냄비에 넣고 같이 끓여준다.
2. 슬라이스 레몬을 넣고 한 번 더 끓여준 후 식혀서 사용한다.

크림치즈크림

1. 크림치즈를 부드럽게 풀어준다.
2. 설탕을 넣고 부드럽게 풀어준다.
3. 에버휩을 넣어 섞어준 후 휘핑하여 사용한다.

오렌지 절임

1. 시트를 1cm로 슬라이스한다.
2. 케이스 크기에 맞추어 시트 2장을 준비한다.
3. 오렌지 시럽을 시트에 고르게 발라준다.
4. 시트를 바닥에 한 장 놓고 크림치즈크림을 짜준다.

오렌지 사각 케이크

1. 시트를 1cm로 슬라이스한다.
2. 케이스 크기에 맞추어 시트 2장을 준비한다.
3. 오렌지 시럽을 시트에 고르게 발라준다.
4. 시트를 바닥에 한 장 놓고 크림치즈크림을 짜준다.
5. 옆면에 자른 오렌지를 주변에 넣어준다.
6. 크림을 짜준 후 시트를 한 장 더 올려준 후 크림을 짜준다.
7. 숙성된 오렌지 절임으로 장식해 준다.

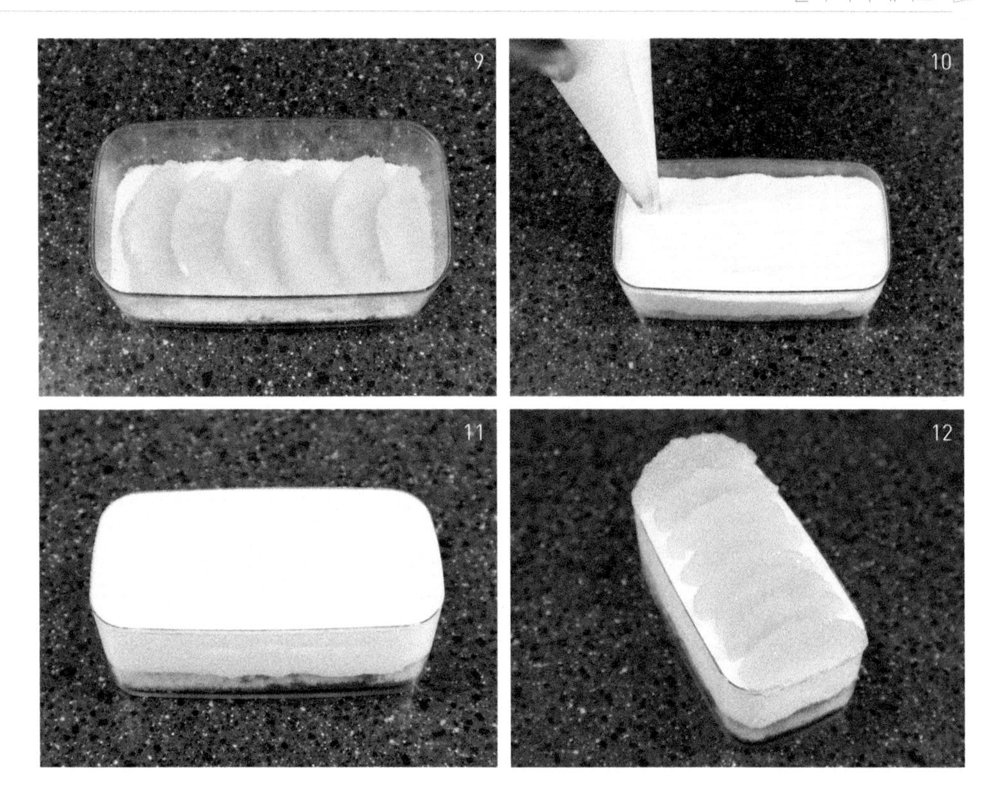
9
10
11
12

티라미슈

시트(2호 3~4개)

계란	500g
설탕	250g
물엿	11g
박력분	250g
식용유	50g
우유	33g

시럽

에스프레소	100g
설탕	30~40g

티라미슈 크림

크림치즈	100g
설탕	50g
마스카포네	100g
생크림	200g

제조공정

시트

1. 계란, 설탕, 물엿을 잘 섞어준다.
2. 중탕으로 43~45℃까지 데워준다.
3. 계란을 충분하게 휘핑한다.
4. 체친 박력분을 섞어준다.
5. 우유, 식용유에 반죽 일부를 섞어 본반죽에 섞어준다.(우유를 너무 차갑지 않도록 한다.)
6. 팬닝 팬에 70~80% 반죽을 넣어준다.
7. 굽기

   데크오븐 180℃/160℃, 20분~25분 구워준다.

시럽

1. 에스프레소 시럽에 설탕을 넣어 섞어서 준비한다.
   (기호에 따라 설탕량을 조절해 준다.)

티라미슈 크림

1. 크림치즈를 부드럽게 풀어준다.
2. 설탕을 넣고 부드럽게 풀어준다.
3. 마스카포네치즈를 넣고 잘 풀어준다.
4. 휘핑된 생크림을 섞어준다.

티라미슈

1. 시트를 1cm로 슬라이스한다.
2. 케이스 크기에 맞추어 시트 1장을 준비한다.
3. 에스프레소 시럽을 시트에 고르게 발라준다.
4. 시트를 바닥에 한 장 놓고 티라미슈 크림을 짜준다.
5. 윗면은 스패출라로 마무리한다.
6. 슈가파우더를 뿌린 후 커피분말 또는 코코아분말을 뿌려 마무리한다.

1
2
3
4
5
6
7
8

9
10
11

고구마 사각 케이크

시트(2호 3~4개)

계란	500g
설탕	250g
물엿	11g
박력분	250g
식용유	50g
우유	33g

시럽

설탕	130g
물	100g
레몬	1/2개

고구마 크림

고구마앙금	200g
생크림	100g

고구마 절임

설탕	300g
물	150g
고구마다이스	100~150g

제조공정

시트

1. 계란, 설탕, 물엿을 잘 섞어준다.
2. 중탕으로 43~45℃까지 데워준다.
3. 계란을 충분하게 휘핑한다.
4. 체친 박력분을 섞어준다.
5. 우유, 식용유에 반죽 일부를 섞어 본반죽에 섞어준다.(우유를 너무 차갑지 않도록 한다.)
6. 팬닝 팬에 70~80% 반죽을 넣어준다.
7. 굽기

   데크오븐 180℃/160℃, 20분~25분 구워준다.

시럽

1. 설탕과 물을 냄비에 넣고 같이 끓여준다.
2. 슬라이스 레몬을 넣고 한 번 더 끓여준 후 식혀서 사용한다.

고구마 크림

1. 고구마앙금을 부드럽게 풀어준다.
2. 휘핑된 생크림을 넣고 잘 섞어준다.

고구마 절임

1. 설탕과 물을 냄비에 넣고 끓여준다.
2. 끓으면 고구마다이스를 넣고 고구마가 익을 때까지 끓여준 후 식혀서 사용한다.

고구마 사각 케이크

1. 시트를 1cm로 슬라이스한다.
2. 케이스 크기에 맞추어 시트 2장을 준비한다.
3. 시럽을 시트에 고르게 발라준다.
4. 시트를 바닥에 한 장 놓고 고구마 크림을 짜준 후 고구마 절임을 넣어준다.
5. 고구마 크림을 짜준 후 시트를 올리고 크림으로 다시 마무리한다.
6. 시트를 이용해서 윗면에 가루를 뿌려준 후 크림을 짜준다.
7. 고구마 절임을 장식하여 마무리한다.

1
2
3
4
5
6
7
8

9
10
11
12
13

바스크 치즈케이크

재료(1호 2개)

크림치즈	350g
설탕	100g
계란	100g
생크림	130g
바닐라빈	1개

제조공정

1. 크림치즈를 부드럽게 풀어준다.
2. 설탕을 넣고 잘 풀어준다.
3. 계란을 나누어 넣고 풀어준다.
4. 생크림을 여러 번에 나누어 넣고 체에 걸러준다.
5. 팬에 330g 팬닝한다.(팬은 종이호일로 준비한다.)
6. **굽기**

   데크오븐 230℃/220℃, 25분~30분

   컨벡션오븐 230℃, 25분~30분
7. 제품을 완전하게 식힌 후 포장한다.

1
2
3
4
5
6
7
8
9
10

녹차 바스크 치즈케이크

재료(1호 2개)

크림치즈	350g
설탕	100g
계란	100g
생크림1	130g
바닐라빈	1개
녹차가루	10g
생크림2	50g
팥배기	10g
완두배기	10g

제조공정

1. 크림치즈를 부드럽게 풀어준다.
2. 설탕을 넣고 잘 풀어준다.
3. 계란을 나누어 넣고 풀어준다.
4. 생크림1을 여러 번에 나누어 넣고 섞어준다.
5. 녹차가루 + 생크림2를 섞은 후 4에 넣어 섞고 체에 걸러준다.
6. 팬에 350g 팬닝한다.(팬은 종이호일로 준비한다.)
7. 굽기

   데크오븐 230℃/220℃, 25분~30분

   컨벡션오븐 230℃, 25분~30분
8. 제품을 완전하게 식힌 후 포장한다.

1
2
3
4
5
6
7
8
9
10
11

초코 바스크 치즈케이크

재료(1호 2개)

크림치즈	350g
설탕	100g
계란	100g
생크림1	130g
바닐라빈	1개
과나하	150g
생크림2	50g

제조공정

1. 크림치즈를 부드럽게 풀어준다.
2. 설탕을 넣고 잘 풀어준다.
3. 계란을 나누어 넣고 풀어준다.
4. 생크림1을 여러 번에 나누어 넣고 섞어준다.
5. 과나하 + 생크림2를 섞은 후 4에 넣어 섞고 체에 걸러준다.
6. 팬에 430g 팬닝한다.(팬은 종이호일로 준비한다.)
7. 굽기

   데크오븐 230℃/220℃, 25분~30분

   컨벡션오븐 230℃, 25분~30분
8. 제품을 완전하게 식힌 후 포장한다.

1
2
3
4
5
6
7
8
9

커피 바스크 치즈케이크

재료(1호 2개)

크림치즈	350g
설탕	100g
계란	100g
생크림1	130g
바닐라빈	1개
파인커피	15g
생크림2	15g

제조공정

1. 크림치즈를 부드럽게 풀어준다.
2. 설탕을 넣고 잘 풀어준다.
3. 계란을 나누어 넣고 풀어준다.
4. 생크림1을 여러 번에 나누어 넣고 섞어준다.
5. 파인커피 + 생크림2를 섞은 후 4에 넣어 섞고 체에 걸러준다.
6. 팬에 350g 팬닝한다.(팬은 종이호일로 준비한다.)
7. 굽기

   데크오븐 230℃/220℃, 25분~30분

   컨벡션오븐 230℃, 25분~30분
8. 제품을 완전하게 식힌 후 포장한다.

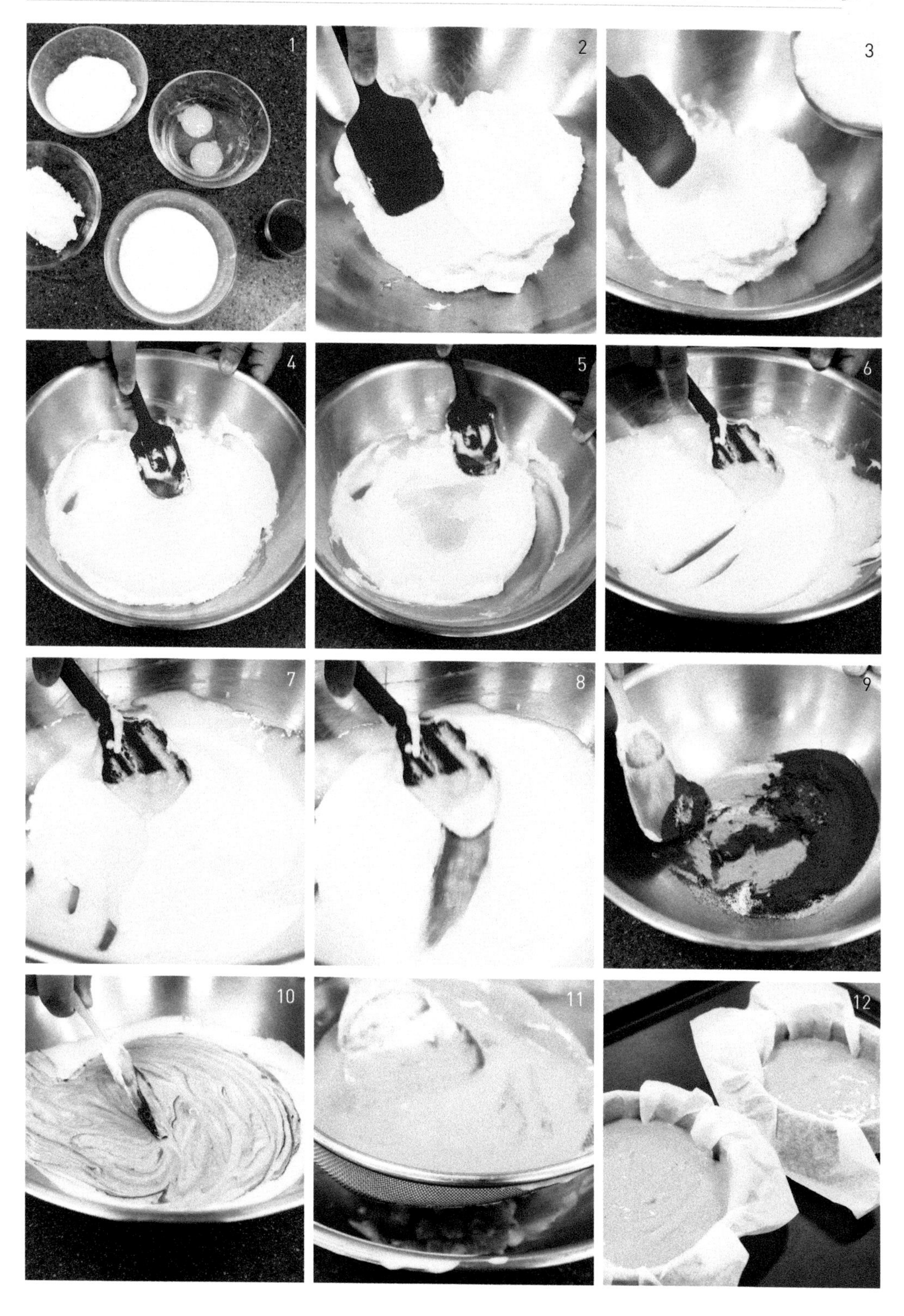
1
2
3
4
5
6
7
8
9
10
11
12

대판 카스테라

재료(1판)

재료	분량
계란	900g
노른자	390g
설탕	880g
소금	8g
박력분	660g
정종	120g
우유	120g
버터	260g

제조공정

1. 계란 + 노른자 + 설탕 + 소금을 휘퍼로 풀어준다.
2. 중탕하여 반죽을 43~45℃까지 데워준다.
   (계란이 익지 않도록 주의한다.)
3. 정종 + 우유 + 버터를 중탕하여 따뜻하게 준비한다.
4. 체친 박력분을 넣고 섞어준다.
5. 3번의 재료를 넣고 섞어준다.
6. 비중은 0.45~0.5
7. 전체를 팬닝하여 굽는다.
8. 150℃/150℃, 2~2시간 30분 굽는다.
9. 냉각 후 잘라서 포장한다.

1
2
3
4
5
6
7
8
9
10

녹차 대판 카스테라

재료(1판)

재료	분량
계란	900g
노른자	390g
설탕	880g
소금	8g
박력분	660g
녹차분말	40g
정종	120g
우유	120g
버터	260g

제조공정

1. 계란 + 노른자 + 설탕 + 소금을 휘퍼로 풀어준다.
2. 중탕하여 반죽을 43~45℃까지 데워준다.
   (계란이 익지 않도록 주의한다.)
3. 정종 + 우유 + 버터를 중탕하여 따뜻하게 준비한다.
4. 박력분 + 녹차분말을 2번 체쳐서 넣고 섞어준다.
5. 3번의 재료를 넣고 섞어준다.
6. 비중은 0.45~0.5
7. 전체를 팬닝하여 굽는다.
8. 150℃/150℃, 2~2시간 30분 굽는다.
9. 냉각 후 잘라서 포장한다.

1
2
3
4
5
6
7
8
9
10
11

초코 대판 카스테라

재료(1판)

계란	900g
노른자	390g
설탕	880g
소금	8g
박력분	660g
코코아	100g
정종	120g
우유	120g
버터	260g

제조공정

1. 계란 + 노른자 + 설탕 + 소금을 휘퍼로 풀어준다.
2. 중탕하여 반죽을 43~45℃까지 데워준다.
   (계란이 익지 않도록 주의한다.)
3. 정종 + 우유 + 버터를 중탕하여 따뜻하게 준비한다.
4. 박력분 + 코코아를 2번 체쳐서 넣고 섞어준다.
5. 3번의 재료를 넣고 섞어준다.
6. 비중은 0.45~0.5
7. 전체를 팬닝하여 굽는다.
8. 150℃/150℃, 2~2시간 30분 굽는다.
9. 냉각 후 잘라서 포장한다.

1
2
3
4
5
6
7
8
9
10
11

얼그레이 대판 카스테라

재료(1판)

계란	900g
노른자	390g
설탕	880g
소금	8g
박력분	660g
정종	120g
우유	120g
버터	260g

제조공정

1. 계란 + 노른자 + 설탕 + 소금을 휘퍼로 풀어준다.
2. 중탕하여 반죽을 43~45℃까지 데워준다.
   (계란이 익지 않도록 주의한다.)
3. 정종 + 우유 + 버터를 중탕하여 따뜻하게 준비한다.
4. 체친 박력분을 넣고 홍차가루를 넣어 섞어준다.
5. 3번의 재료를 넣고 섞어준다.
6. 비중은 0.45~0.5
7. 전체를 팬닝하여 굽는다.
8. 150℃/150℃, 2~2시간 30분 굽는다.
9. 냉각 후 잘라서 포장한다.

1
2
3
4
5
6
7
8
9

흑임자 미숫가루 대판 카스테라

재료(1판)

계란	900g
노른자	390g
설탕	880g
소금	8g
박력분	560g
정종	120g
우유	120g
버터	260g
흑임자페이스트	50g

제조공정

1. 계란 + 노른자 + 설탕 + 소금을 휘퍼로 풀어준다.
2. 중탕하여 반죽을 43~45℃까지 데워준다.
   (계란이 익지 않도록 주의한다.)
3. 정종 + 우유 + 버터 + 흑임자를 중탕하여 따뜻하게 준비한다.
4. 체친 박력분 + 미숫가루를 체쳐서 넣고 섞어준다.
5. 3번의 재료를 넣고 섞어준다.
6. 비중은 0.45~0.5
7. 전체를 팬닝하여 굽는다.
8. 150℃/150℃, 2~2시간 30분 굽는다.
9. 냉각 후 잘라서 포장한다.

1
2
3
4
5
6
7
8

밀웜 대판 카스테라

재료(1판)

계란	900g
노른자	390g
설탕	880g
소금	8g
박력분	560g
밀웜	100g
정종	120g
우유	120g
버터	260g

제조공정

1. 계란 + 노른자 + 설탕 + 소금을 휘퍼로 풀어준다.
2. 중탕하여 반죽을 43~45℃까지 데워준다.
   (계란이 익지 않도록 주의한다.)
3. 정종 + 우유 + 버터를 중탕하여 따뜻하게 준비한다.
4. 박력분 + 밀웜을 2번 체쳐서 넣고 섞어준다.
5. 3번의 재료를 넣고 섞어준다.
6. 비중은 0.45~0.5
7. 전체를 팬닝하여 굽는다.
8. 150℃/150℃, 2~2시간 30분 굽는다.
9. 냉각 후 잘라서 포장한다.

1
2
3
4
5
6
7
8
9
10

백련초 대판 카스테라

재료(1판)

재료	분량
계란	900g
노른자	390g
설탕	880g
소금	8g
박력분	630g
백련초분말	50g
정종	120g
우유	120g
버터	260g

제조공정

1. 계란 + 노른자 + 설탕 + 소금을 휘퍼로 풀어준다.
2. 중탕하여 반죽을 43~45℃까지 데워준다.
   (계란이 익지 않도록 주의한다.)
3. 정종 + 우유 + 버터를 중탕하여 따뜻하게 준비한다.
4. 박력분 + 백련초를 2번 체쳐서 넣고 섞어준다.
5. 3번의 재료를 넣고 섞어준다.
6. 비중은 0.45~0.5
7. 전체를 팬닝하여 굽는다.
8. 150℃/150℃, 2~2시간 30분 굽는다.
9. 냉각 후 잘라서 포장한다.

1
2
3
4
5
6
7
8
9
10
11

단호박 대판 카스테라

재료(1판)

계란	900g
노른자	390g
설탕	880g
소금	8g
박력분	660g
단호박분말	50g
정종	120g
우유	120g
버터	260g

제조공정

1. 계란 + 노른자 + 설탕 + 소금을 휘퍼로 풀어준다.
2. 중탕하여 반죽을 43~45℃까지 데워준다.
   (계란이 익지 않도록 주의한다.)
3. 정종 + 우유 + 버터를 중탕하여 따뜻하게 준비한다.
4. 박력분 + 단호박분말을 2번 체쳐서 넣고 섞어준다.
5. 3번의 재료를 넣고 섞어준다.
6. 비중은 0.45~0.5
7. 전체를 팬닝하여 굽는다.
8. 150℃/150℃, 2~2시간 30분 굽는다.
9. 냉각 후 잘라서 포장한다.

1
2
3
4
5
6
7
8
9
10
11

자색고구마 대판 카스테라

재료(1판)

계란	900g
노른자	390g
설탕	880g
소금	8g
박력분	500g
자색고구마분말	100g
정종	120g
우유	120g
버터	260g

제조공정

1. 계란 + 노른자 + 설탕 + 소금을 휘퍼로 풀어준다.
2. 중탕하여 반죽을 43~45℃까지 데워준다.
   (계란이 익지 않도록 주의한다.)
3. 정종 + 우유 + 버터를 중탕하여 따뜻하게 준비한다.
4. 박력분 + 자색고구마분말을 2번 체쳐서 넣고 섞어준다.
5. 3번의 재료를 넣고 섞어준다.
6. 비중은 0.45~0.5
7. 전체를 팬닝하여 굽는다.
8. 150℃/150℃, 2~2시간 30분 굽는다.
9. 냉각 후 잘라서 포장한다.

1
2
3
4
5
6
7
8
9
10
11

쑥 대판 카스테라

재료(1판)

재료	양
계란	900g
노른자	390g
설탕	880g
소금	8g
박력분	610g
쑥	50g
정종	120g
우유	120g
버터	260g

제조공정

1. 계란 + 노른자 + 설탕 + 소금을 휘퍼로 풀어준다.
2. 중탕하여 반죽을 43~45℃까지 데워준다.
   (계란이 익지 않도록 주의한다.)
3. 정종 + 우유 + 버터를 중탕하여 따뜻하게 준비한다.
4. 박력분 + 쑥분말을 2번 체쳐서 넣고 섞어준다.
5. 3번의 재료를 넣고 섞어준다.
6. 비중은 0.45~0.5
7. 전체를 팬닝하여 굽는다.
8. 150℃/150℃, 2~2시간 30분 굽는다.
9. 냉각 후 잘라서 포장한다.

1
2
3
4
5
6
7
8
9

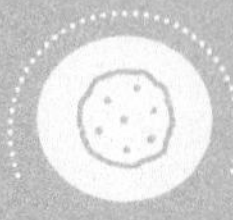

녹차버터쿠키

재료

버터	280g
설탕	180g
머스코바도	20g
소금	4g
계란	120g
박력분	350g
아몬드분말	50g
녹차분말	10g

제조공정

1. 버터를 부드럽게 풀어준다.
2. 설탕 + 머스코바도 + 소금을 넣고 잘 풀어준다.
3. 계란을 나누어 넣고 풀어준다.
4. 체친 박력분 + 아몬드분말 + 녹차분말을 넣고 섞어준다.
5. 팬에 모양깍지를 이용하여 팬닝한다.
6. **굽기**

   오븐 190℃/150℃, 13분~15분
7. 제품을 식힌 후 포장한다.

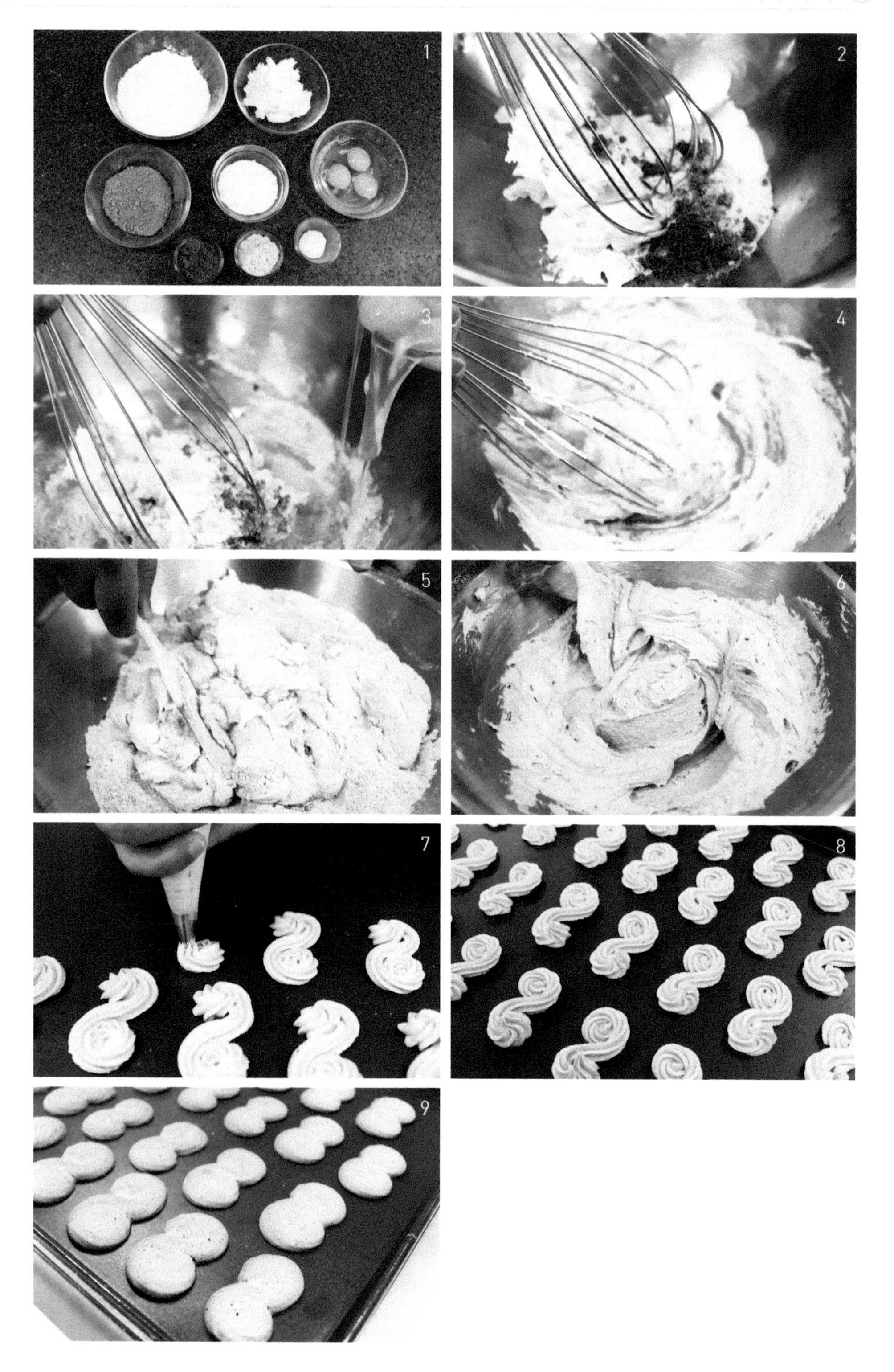
1
2
3
4
5
6
7
8
9

블랙세사미쿠키

재료

버터	280g
설탕	180g
머스코바도	20g
소금	4g
계란	120g
박력분	350g
아몬드분말	50g
블랙세사미	50g

제조공정

1. 버터를 부드럽게 풀어준다.
2. 설탕 + 머스코바도 + 소금을 넣고 잘 풀어준다.
3. 계란을 나누어 넣고 풀어준다.
4. 체친 박력분 + 아몬드분말을 섞은 후 블랙세사미를 넣고 섞어 준다.
5. 팬에 모양깍지를 이용하여 팬닝한다.
6. **굽기**

   오븐 190℃/150℃, 13분~15분
7. 제품을 식힌 후 포장한다.

1
2
3
4
5
6
7
8
9

초코버터쿠키

재료

재료	분량
버터	280g
설탕	180g
머스코바도	20g
소금	4g
계란	120g
박력분	350g
아몬드분말	50g
코코아분말	20g

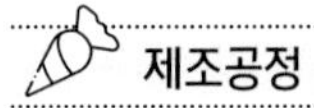

제조공정

1. 버터를 부드럽게 풀어준다.
2. 설탕 + 머스코바도 + 소금을 넣고 잘 풀어준다.
3. 계란을 나누어 넣고 풀어준다.
4. 체친 박력분 + 아몬드분말 + 코코아분말을 넣고 섞어준다.
5. 팬에 모양깍지를 이용하여 팬닝한다.
6. 굽기

   오븐 190℃/150℃, 13분~15분
7. 제품을 식힌 후 포장한다.

1
2
3
4
5
6
7
8
9

홍차버터쿠키

재료

재료	분량
버터	280g
설탕	180g
머스코바도	20g
소금	4g
계란	120g
박력분	350g
아몬드분말	50g
홍차분말	10g

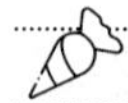

제조공정

1. 버터를 부드럽게 풀어준다.
2. 설탕 + 머스코바도 + 소금을 넣고 잘 풀어준다.
3. 계란을 나누어 넣고 풀어준다.
4. 체친 박력분 + 아몬드분말 + 홍차분말을 넣고 섞어준다.
5. 팬에 모양깍지를 이용하여 팬닝한다.
6. 굽기

   오븐 190℃/150℃, 13분~15분
7. 제품을 식힌 후 포장한다.

1
2
3
4
5
6
7
8

커피버터쿠키

재료

재료	분량
버터	280g
설탕	180g
머스코바도	20g
소금	4g
계란	120g
박력분	350g
아몬드분말	50g
커피분말	4g

제조공정

1. 버터를 부드럽게 풀어준다.
2. 설탕 + 머스코바도 + 소금을 넣고 잘 풀어준다.
3. 계란을 나누어 넣고 풀어준다.
4. 체친 박력분 + 아몬드분말 + 커피분말을 넣고 섞어준다.
5. 팬에 모양깍지를 이용하여 팬닝한다.
6. **굽기**

   오븐 190℃/150℃, 13분~15분
7. 제품을 식힌 후 포장한다.

1
2
3
4
5
6
7
8

흑임자 미숫가루쿠키

재료

재료	분량
버터	280g
설탕	180g
머스코바도	20g
소금	4g
계란	120g
박력분	300g
아몬드분말	50g
블랙세사미	50g
미숫가루	50g

제조공정

1. 버터를 부드럽게 풀어준다.
2. 설탕 + 머스코바도 + 소금을 넣고 잘 풀어준다.
3. 계란을 나누어 넣고 풀어준다.
4. 체친 박력분 + 아몬드분말 + 미숫가루를 섞은후 블랙세사미를 넣고 섞어준다.
5. 팬에 모양깍지를 이용하여 팬닝한다.
6. 굽기
   오븐 190℃/150℃, 13분~15분
7. 제품을 식힌 후 포장한다.

1
2
3
4
5
6
7
8

초코코팅 버터쿠키

재료

버터	280g
설탕	180g
머스코바도	20g
소금	4g
계란	120g
박력분	350g
아몬드분말	50g
코코아분말	20g
코팅초콜릿	소량
버터크림	소량

제조공정

1. 버터를 부드럽게 풀어준다.
2. 설탕 + 머스코바도 + 소금을 넣고 잘 풀어준다.
3. 계란을 나누어 넣고 풀어준다.
4. 체친 박력분 + 아몬드분말 + 코코아분말을 넣고 섞어준다.
5. 팬에 모양깍지를 이용하여 팬닝한다.
6. 굽기

   오븐 190℃/150℃, 13분~15분
7. 제품을 식힌 후 버터를 짠 뒤에 샌드하여 코팅초콜릿에 절반 코팅한다.

1
2
3
4
5
6
7
8
9

에그타르트

타르트반죽

박력분	200g
계란	50g
설탕	104g
버터	160g
소금	2g

에그타르트

노른자	36g
설탕	30g
생크림	100g
우유	40g
연유	15g
바닐라빈	1/2개

제조공정

타르트반죽

1. 버터를 부드럽게 풀어준다.
2. 설탕과 소금을 넣고 잘 섞어준다.
3. 계란을 넣고 분리되지 않도록 섞어준다.
4. 체친 가루재료를 넣고 한덩어리로 뭉쳐준 후 냉장고에서 휴지시킨다.
5. 얇게 밀어펴서 타르트 틀에 맞추어 제단한다.
6. 굽기 온도 175℃, 15분~18분

에그타르트

1. 우유 + 생크림 + 바닐라빈을 넣고 끓여준다.
2. 노른자 + 설탕 + 연유를 넣고 핸드 블렌더로 섞어준다.
3. 2번 반죽에 체에 거른 1번을 넣고 섞어준다.
4. 체에 거른 후 냉장고에서 30분 정도 휴지시킨다.
5. 구운 타르트피에 90% 정도를 채운다.
   (160~165℃, 18분~20분)

1
2
3
4
5
6

7
8
9

녹차에그타르트

타르트반죽

박력분	200g
계란	50g
설탕	104g
버터	160g
소금	2g

녹차에그타르트

노른자	36g
설탕	30g
생크림	100g
우유	40g
연유	15g
녹차가루	3g
바닐라빈	1/2개

제조공정

타르트반죽

1. 버터를 부드럽게 풀어준다.
2. 설탕과 소금을 넣고 잘 섞어준다.
3. 계란을 넣고 분리되지 않도록 섞어준다.
4. 체친 가루재료를 넣고 한덩어리로 뭉쳐준 후 냉장고에서 휴지시킨다.
5. 얇게 밀어펴서 타르트 틀에 맞추어 제단한다.
6. 굽기 온도 175℃, 15분~18분

녹차에그타르트

1. 우유 + 생크림을 넣고 끓여준다.
2. 노른자 + 설탕 + 연유 + 녹차가루를 넣고 핸드 블렌더로 섞어준다.
3. 2번 반죽에 체에 거른 1번을 넣고 섞어준다.
4. 체에 거른 후 냉장고에서 30분 정도 휴지시킨다.
5. 구운 타르트피에 90% 정도를 채운다.
(160~165℃, 18분~20분)

5
6
7
8

초코에그타르트

타르트반죽

박력분	200g
계란	50g
설탕	104g
버터	160g
소금	2g

초코에그타르트

노른자	36g
설탕	30g
생크림	100g
우유	40g
연유	15g
코코아가루	8g
바닐라빈	1/2개

제조공정

타르트반죽

1. 버터를 부드럽게 풀어준다.
2. 설탕과 소금을 넣고 잘 섞어준다.
3. 계란을 넣고 분리되지 않도록 섞어준다.
4. 체친 가루재료를 넣고 한덩어리로 뭉쳐준 후 냉장고에서 휴지시킨다.
5. 얇게 밀어펴서 타르트 틀에 맞추어 제단한다.
6. 굽기 온도 175℃, 15분~18분

초코에그타르트

1. 우유 + 생크림을 넣고 끓여준다.
2. 노른자 + 설탕 + 연유 + 코코아가루를 넣고 핸드 블렌더로 섞어준다.
3. 2번 반죽에 체에 거른 1번을 넣고 섞어준다.
4. 체에 거른 후 냉장고에서 30분 정도 휴지시킨다.
5. 구운 타르트피에 90% 정도를 채운다.
   (160~165℃, 18분~20분)

5

6

7

홍차에그타르트

타르트반죽

박력분	200g
계란	50g
설탕	104g
버터	160g
소금	2g

홍차에그타르트

노른자	36g
설탕	30g
생크림	100g
우유	40g
연유	15g
홍차잎	8g
바닐라빈	1/2개

제조공정

타르트반죽

1. 버터를 부드럽게 풀어준다.
2. 설탕과 소금을 넣고 잘 섞어준다.
3. 계란을 넣고 분리되지 않도록 섞어준다.
4. 체친 가루재료를 넣고 한덩어리로 뭉쳐준 후 냉장고에서 휴지시킨다.
5. 얇게 밀어펴서 타르트 틀에 맞추어 제단한다.
6. 굽기 온도 175℃, 15분~18분

홍차에그타르트

1. 우유 + 생크림+홍차를 우려준 후 148g 맞추어 생크림을 추가한다.
2. 노른자 + 설탕 + 연유를 넣고 핸드 블렌더로 섞어준다.
3. 2번 반죽에 체에 거른 1번을 넣고 섞어준다.
4. 체에 거른 후 냉장고에서 30분 정도 휴지시킨다.
5. 구운 타르트피에 90% 정도를 채운다.
(160~165℃, 18분~20분)

1
2
3
4

5
6
7
8

머랭쿠키

재료

흰자	100g
설탕	130g
슈가파우더	10g
레몬즙	1g

제조공정

1. 흰자 + 설탕 + 슈가파우더를 섞어준다.
2. 중탕으로 45℃로 데워준다.
3. 100% 휘핑하면서 레몬즙을 섞어준다.
4. 짤주머니에 반죽을 담아 짜준다.
5. 오븐 100℃/100℃, 2~3시간 말려준다.
6. 습기를 먹지 않도록 포장한다.

* 상태를 보면서 작업해야 한다.

1
2
3
4
5
6

산딸기 머랭쿠키

재료

흰자	100g
설탕	130g
슈가파우더	10g
산딸기 퓌레	40g
레드 색소	소량

제조공정

1. 흰자 + 설탕 + 슈가파우더를 섞어준다.
2. 중탕으로 45℃로 데워준다.
3. 100% 휘핑되면 산딸기 퓌레 + 색소를 섞어준다.
4. 짤주머니에 반죽을 담아 짜준다.
5. 오븐 100℃/100℃, 2~3시간 말려준다.
6. 습기를 먹지 않도록 포장한다.

* 상태를 보면서 작업해야 한다.

1
2
3
4
5
6
7
8

패션 머랭쿠키

재료

흰자	100g
설탕	130g
슈가파우더	10g
패션 퓌레	40g
옐로 색소	소량

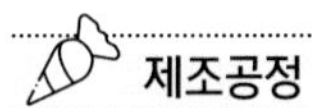

제조공정

1. 흰자 + 설탕 + 슈가파우더를 섞어준다.
2. 중탕으로 45℃로 데워준다.
3. 100% 휘핑되면 패션 퓌레 + 색소를 섞어준다.
4. 짤주머니에 반죽을 담아 짜준다.
5. 오븐 100℃/100℃, 2~3시간 말려준다.
6. 습기를 먹지 않도록 포장한다.

* 상태를 보면서 작업해야 한다.

1
2
3
4
5
6
7
8

개이크고구마쿠키

재료

고구마	120g
올리브오일	2T
쌀가루	520g
계란	1개

제조공정

1. 고구마를 삶아준다.
2. 고구마를 덩어리 없이 풀어준다.
3. 오일과 계란을 풀어 고구마와 잘 섞어준다.
4. 체친 쌀가루를 같이 섞으며 덩어리 없이 만들어준다.
5. 일정한 두께로 밀어준 후 틀에 쌀가루를 이용하여 쿠키 틀에 찍어준다.
6. 철판에 종이호일을 깔고 팬닝한다.
7. 180℃, 12분 구워준다.

1
2
3
4
5
6
7
8
9

개이크새우 마들렌

재료

건새우	10g
당근	50g
쌀가루	50g
계란	95g

제조공정

1. 당근을 완전히 익혀준다.
2. 건새우를 곱게 갈아준다.
3. 당근 + 건새우를 넣고 갈아준다.
4. 쌀가루와 계란을 넣고 풀어준다.
5. 마들렌 틀에 오일을 바른 뒤 90% 팬닝한다.
6. 170℃, 15분 구워준다.

1
2
3
4
5
6

개이크베이글

재료

쌀가루	150g
단호박	300g
물	45g

제조공정

1. 단호박을 완전히 쪄서 곱게 갈아준다.
2. 쌀가루 + 물을 넣고 잘 섞어준다.
3. 반죽을 손으로 베이글 형태로 만든다.
4. 끓는 물에 10분간 담가 데쳐준다.
5. 바로 180℃, 30분간 구워준다.

1
2
3
4
5
6
7

개이크치즈케이크

코팅용	
한천	2.5g
단호박가루	2.5g
물	62.5g

속재료	
한천	6g
우유	175g

제조공정

코팅용

1. 우유 + 한천을 넣고 30분간 불려준다.
2. 불린 한천에 단호박가루를 넣고 잘 풀어준다.
3. 풀리면 끓이면서 농도를 맞추어준다.

속재료

1. 한천 + 우유를 넣고 불려둔다.
2. 끓여서 농도를 맞추어준다.
3. 코팅크림이 식어갈 때 틀에 조금만 넣어 전체를 코팅한다.
4. 코팅이 들어간 틀에 속반죽을 넣어 평평하게 한 후 냉장고나 냉동고에 넣어 굳힌다.

1
2
3
4
5
과대불판
사용금지
6
과대불판
사용금지
7
8
과대불판
사용금지
9

개이크치킨

치킨

닭가슴살	200g
두부	200g
쌀가루	200g

치킨튀김반죽

쌀가루	100g
단호박가루	10g
노른자	1개
캐롭가루	10g

제조공정

치킨

1. 닭가슴살은 찌고, 두부는 삶아준다.
2. 믹서기로 갈아준 후 쌀가루를 섞어준다.
3. 손으로 모양을 잡아준다.
4. 치킨반죽에 물을 뿌린 후 튀김반죽에 묻혀준다.
5. 180℃, 20분간 구워준다.

치킨튀김반죽

1. 쌀가루 + 단호박가루 + 캐롭가루를 넣는다.
2. 노른자를 넣어 섞은 후 가루로 만들어준다.

1
2
3
4
5
6
7
8
9
10
11
12

코코넛쿠키

재료

코코넛롱	400g
설탕	300g
물엿	20g
흰자	380g
박력분	50g

제조공정

1. 170℃ 오븐에 코코넛을 넣어 골고루 색이 나도록 구워준다.
2. 구운 코코넛 + 물엿 + 체친 박력분을 넣고 섞어준다.
3. 흰자 + 설탕을 넣고 100% 휘핑한다.
4. 코코넛 반죽에 머랭을 섞어준다.
5. 손이나 숟가락을 이용하여 일정한 중량으로 분할한다.
6. 175℃, 13분~15분 굽는다.

1
2
3
4
5
6
7

녹차 코코넛쿠키

재료

코코넛롱	400g
설탕	300g
물엿	20g
흰자	380g
박력분	50g
녹차분말	10g

제조공정

1. 170℃ 오븐에 코코넛을 넣어 골고루 색이 나도록 구워준다.
2. 구운 코코넛 + 물엿 + 체친 박력분 + 녹차분말을 넣고 섞어준다.
3. 흰자 + 설탕을 넣고 100% 휘핑한다.
4. 코코넛 반죽에 머랭을 섞어준다.
5. 손이나 숟가락을 이용하여 일정한 중량으로 분할한다.
6. 175℃, 13분~15분 굽는다.

1
2
3
4
5
6

시나몬 코코넛쿠키

재료

코코넛롱	400g
설탕	300g
물엿	20g
흰자	380g
박력분	50g
시나몬분말	15g

제조공정

1. 170℃ 오븐에 코코넛을 넣어 골고루 색이 나도록 구워준다.
2. 구운 코코넛 + 물엿 + 체친 박력분 + 시나몬분말을 넣고 섞어준다.
3. 흰자 + 설탕을 넣고 100% 휘핑한다.
4. 코코넛 반죽에 머랭을 섞어준다.
5. 손이나 숟가락을 이용하여 일정한 중량으로 분할한다.
6. 175℃, 13분~15분 굽는다.

1
2
3
4
5
6

초코 코코넛쿠키

재료

코코넛롱	400g
설탕	300g
물엿	20g
흰자	380g
박력분	50g
코코아분말	20g

제조공정

1. 170℃ 오븐에 코코넛을 넣어 골고루 색이 나도록 구워준다.
2. 구운 코코넛 + 물엿 + 체친 박력분 + 코코아분말 넣고 섞어준다.
3. 흰자 + 설탕을 넣고 100% 휘핑한다.
4. 코코넛 반죽에 머랭을 섞어준다.
5. 손이나 숟가락을 이용하여 일정한 중량으로 분할한다.
6. 175℃, 13분~15분 굽는다.

1
2
3
4
5
6

미숫가루 코코넛쿠키

재료

코코넛롱	400g
설탕	300g
물엿	20g
흰자	380g
박력분	50g
미숫가루	20g

제조공정

1. 170℃ 오븐에 코코넛을 넣어 골고루 색이 나도록 구워준다.
2. 구운 코코넛 + 물엿 + 체친 박력분 + 미숫가루를 넣고 섞어준다.
3. 흰자 + 설탕을 넣고 100% 휘핑한다.
4. 코코넛 반죽에 머랭을 섞어준다.
5. 손이나 숟가락을 이용하여 일정한 중량으로 분할한다.
6. 175℃, 13분~15분 굽는다.

1
2
3
4
5
6

홍차 코코넛쿠키

재료

코코넛롱	400g
설탕	300g
물엿	20g
흰자	380g
박력분	50g
홍차분말	15g

제조공정

1. 170℃ 오븐에 코코넛을 넣어 골고루 색이 나도록 구워준다.
2. 구운 코코넛 + 물엿 + 체친 박력분 + 홍차분말을 넣고 섞어준다.
3. 흰자 + 설탕을 넣고 100% 휘핑한다.
4. 코코넛 반죽에 머랭을 섞어준다.
5. 손이나 숟가락을 이용하여 일정한 중량으로 분할한다.
6. 175℃, 13분~15분 굽는다.

1
2
3
4
5
6

호두강정

사블레

호두 1/2태	500g
설탕	200g
물	150g
물엿	50g

제조공정

1. 끓는 물에 호두를 데쳐 쓴맛을 내는 타닌을 제거한다.
2. 170℃ 오븐에 넣어 수분을 날리고 호두의 바삭함을 살려준다.
3. 설탕 + 물 + 물엿을 넣고 청을 잡아준다.
4. 구운 호두를 넣고 조려준다.
5. 실리콘 페이퍼나 종이호일을 깔고 팬닝한다.
6. 170℃, 10분~15분 굽는다.
7. 식으면 포장한다.

1
2
3
4
5
6
7
8
9
10

저자 소개

오동환

한국관광대학교 호텔제과제빵과 전임교수
경기대학교 외식조리관리 관광학 석사
SPC Samlip 식품기술연구소 선임연구원
신라호텔 베이커리 근무
대한민국 제과기능장
프랑스 Ecole Lenotre 수료
APC(Asia Pastry Cup) 대한민국 국가대표
Coup du Monde de la Pâtisserie 대한민국 국가대표
한국산업인력공단 제과/제빵 기능사 실기 감독위원
지방기능경기대회 심사장 및 심사위원

정시은

개이크 카페 대표
한국관광대학교 호텔제과제빵학과 학사
메이필드호텔 베이커리
퍼스트제과제빵학원 강사
제과제빵기능사 자격증 취득
초콜릿마스터 자격증 취득

이승문

대한민국 제과기능장
전국기능경기대회 심사위원
제과제빵 기능사 감독위원
SIBA 국무총리상 수상
우리쌀 기능경기대회 최우수상
베이커리페어 노동부장관상
치아바타 특허 출원
마늘소프트 특허 출원
중소벤처기업부 k.tag 선정

정성모

쉐프스토리 대표
대한민국 제과기능장 대구 부회장
대한민국 제과기능장
대한제과협회 대구 부회장
프랑스 Coup du Monde de la Pâtisserie 대한민국 국가대표
대한민국 프로제빵왕 금메달
대구음식산업대전 초콜릿 금메달
기능경기대회 은메달

윤두열

구미대학교 호텔조리제빵바리스타학과 베이커리 겸임교수
Round·Round 베이커리 총괄 Chef
대구가톨릭대학교 의료보건산업대학원 외식산업학 석사
대한민국 제과기능장
우리쌀빵기능경진대회 금메달 농촌진흥청장상
우리쌀빵기능경진대회 최우수상, 농림식품부장관상

저자와의
합의하에
인지첩부
생략

대한민국 제과기능장의

케이크 & 개이크

2023년 1월 10일 초판 1쇄 인쇄
2023년 1월 15일 초판 1쇄 발행

지은이 오동환 · 정시은 · 이승문 · 정성모 · 윤두열
펴낸이 진욱상
펴낸곳 (주)백산출판사
교　정 성인숙
본문디자인 신화정
표지디자인 오정은

등　록 2017년 5월 29일 제406-2017-000058호
주　소 경기도 파주시 회동길 370(백산빌딩 3층)
전　화 02-914-1621(代)
팩　스 031-955-9911
이메일 edit@ibaeksan.kr
홈페이지 www.ibaeksan.kr

ISBN 979-11-6567-596-7 13590
값 18,000원